PERSÖNLICHKEIT MACHT KARRIERE

STEPHANIE SCHORP

PERSÖNLICHKEIT MACHT KARRIERE

So stellen Sie die Weichen
für Ihren eigenen beruflichen Weg

Unter Mitarbeit von Detlef Gürtler

Campus Verlag
Frankfurt/New York

Für Gabriel

MIX
Papier aus verantwortungsvollen Quellen
FSC® C089473
www.fsc.org

Klimaneutral
Papier
ClimatePartner.com/13732-1910-1001

ISBN 978-3-593-51542-7 Print
ISBN 978-3-593-45014-8 E-Book (PDF)
ISBN 978-3-593-45015-5 E-Book (EPUB)

Umschlaggestaltung: *Zeichenpool, München
Umschlagmotiv: shutterstock, Orla
Satz: DeinSatz Marburg UG | tn
Gesetzt aus: Minion, Myriad Pro und Intro Regular
Druck und Bindung: Beltz Grafische Betriebe GmbH, Bad Langensalza
Beltz Grafische Betriebe ist ein klimaneutrales Unternehmen (ID 15985-2104-1001).
Printed in Germany

www.campus.de

Inhalt

Vorwort

Karrieren sind so individuell wie die Menschen, die sie machen. Kein Mensch kann überall brillieren, und keiner würde überall versagen. Als Headhunterin ist es meine Aufgabe, für eine spezifische Position den dafür bestgeeigneten Brillanten zu finden – oder einen Rohdiamanten, der genau an dieser Stelle zum Brillanten werden kann. Mit diesem Buch habe ich mir die Aufgabe gestellt, Ihnen dabei zu helfen, diejenige Karriere zu finden, in der Sie am besten brillieren können.

Welche das ist, müssen Sie selbst herausfinden. So wie jeder Rohdiamant einzigartig ist und einen ganz spezifischen Schliff benötigt, um bestmöglich zu strahlen, ist auch jede Persönlichkeit einzigartig. Es ist Ihre Persönlichkeit, die Ihre Karriere macht, also müssen Sie sich mit Ihrer Persönlichkeit auseinandersetzen: Welche Talente haben Sie? Was fällt Ihnen leicht und was schwer? Was wollen Sie in Ihrem Leben erreichen? Was schleppen Sie mit sich herum, das Ihre Entfaltung behindert?

Je besser Sie sich kennen lernen, desto besser erkennen Sie auch, welche der unendlich vielen unterschiedlichen Karrieren und Positionen da draußen besonders gut zu Ihnen passen. Das gibt Ihnen noch lange nicht Ihren Traumjob, aber das Leben ist schließlich ja auch kein Traum, sondern ganz real.

Karriere, das ist heute nicht mehr ein Schneller, Höher, Weiter, bei dem alle um den gleichen Platz auf dem Siegertreppchen konkurrieren. Karriere, das ist heute Ihr Ding. Es geht bei Ihrer Jobsuche und Karriereentwicklung darum, den Perfect Fit zwischen Persönlichkeit und Position herzustellen. Das klappt auch bei meinen Aufträgen nicht immer zu 100 Prozent, aber doch so oft, dass ich sagen kann: Es geht, man kann den perfekten Job für seine aktuelle Situation finden. Und wenn »man« das kann, können Sie das auch.

Natürlich, Headhunting ist eher etwas für Topmanager. Aber ein Perfect Placement, mit dem richtigen Job zur richtigen Zeit, das könnten doch eigentlich alle brauchen. Es würde jedem Einzelnen von uns guttun – und auch uns allen als Gesellschaft. Die Welt wäre eine bessere, wenn es einen besseren Fit gäbe zwischen dem, was man tun möchte, und dem, was man tut.

Es gibt keinen Grund, warum es nur einer kleinen Gruppe vorbehalten bleiben sollte, die zu ihrer Persönlichkeit passende Karriere zu machen. Auch den Airbag oder das mobile Internet gab es einst nur für eine kleine Elite und heute für jeden.

Als Headhunterin arbeite ich mit und für die schmale Elite der Wirtschaft. Als Autorin möchte ich Ihnen ermöglichen, auf die gleiche Weise an Ihrer Karriere zu arbeiten, ganz egal, wo Sie gerade stehen, und ganz egal, um welche Art von Karriere es Ihnen geht. Ich möchte, dass wir mehr Überzeugungstäter haben – ob sie aus Überzeugung schreiben oder singen, ob sie einen Konzern führen oder ein eigenes Unternehmen gründen. Und ich möchte Ihnen dabei helfen, ebenfalls Überzeugungstäter zu werden.

Alle Personen, die in diesem Buch auftauchen, sind real. Aber nicht alle von ihnen tauchen mit ihrem realen Namen auf. Als Headhunterin behandle ich selbstverständlich alle Informationen vertraulich, die ich in meinen beruflichen Gesprächen erhalte. Sofern ich Sie hier daran teilhaben lasse, dann nur in anonymisierter Form. Informationen über Personen, die in diesem Buch mit vollem Namen genannt werden, stammen entweder aus öffentlich zugänglichen Quellen oder wurden von den betreffenden Personen ausdrücklich zur Veröffentlichung freigegeben.

1.
Machen Sie Ihre Karriere?
Oder wird Ihre Karriere gemacht?

»Are you a natural born leader?«, fragte kürzlich das US-Wirtschaftsmagazin *Forbes* – leider ohne ein Beispiel zu nennen, in dem ein Baby als Führungskraft den Kreißsaal verlassen hätte. Und »Fehlt den Ostdeutschen das Leadership-Gen?«, titelte die deutsche Tageszeitung *Die Welt*, ohne im Text auch nur einmal das Wort »Gen« zu verwenden. Der »Nature or Nurture«-Streit hat das Management erreicht und damit auch meine Branche: das Headhunting. Sind wir das, was wir sind, durch unsere Gene oder durch unsere Umwelt? Wie sehr ist unser Schicksal vorbestimmt, wie sehr liegt es in unserer Hand, und wie sehr in der Hand derjenigen, die uns umgeben?

Gäbe es tatsächlich ein Leadership-Gen, könnte ich mein Unternehmen schließen beziehungsweise einem Biotechnologen übergeben, der dann die jeweils modernsten Gentests macht und analysiert. Aber schon unser Sprachgebrauch legt nahe, dass nicht nur die Gene bei der Entwicklung unserer Persönlichkeit und unserer Kompetenzen eine Rolle spielen, sondern auch die Erziehung, das Umfeld und nicht zuletzt der glückliche Zufall. Da wird eine als »geborene Unternehmerin« bezeichnet, ein anderer war »schon auf dem Schulhof immer der Anführer« und einem Dritten wird nachgesagt, dass er seine Macht einzig der Protektion eines noch Mächtigeren verdanke. Ich bringe diese scheinbar so gegensätzlichen Elemente gerne zusammen: All diese Faktoren haben dazu beigetragen, dass Sie so sind, wie Sie sind. Und all diese Faktoren tragen auch weiterhin dazu bei, dass Sie so werden, wie Sie werden. Der entscheidende Faktor für Ihre Karriere sind also Sie selbst. Und um Sie wird es hier auch im Folgenden gehen.

Planen allein genügt nicht

Machen Sie Ihre Karriere? Oder wird Ihre Karriere gemacht? Wenn man es so strikt gegeneinanderstellt, heißt die Antwort höchstwahrscheinlich: weder noch. Denn:

Keine Karriere lässt sich exakt planen. Selbst wenn Sie schon von klein auf wussten, dass Sie mal Chef beziehungsweise Chefin werden wollen, können Sie unmöglich vorhersagen, wohin diese Reise Sie führen wird. Sie können sich eine Richtung vornehmen und Sie können Ihren jeweils nächsten Schritt planen, aber ob es dann tatsächlich auch so kommt, hängt bei einer Karriere in der Wirtschaft niemals von Ihnen alleine ab.

Keine Karriere passiert einfach so. In einigen Lebensläufen sieht es so aus, als sei alles zufällig passiert und von außen gekommen. Aber so viele Zufälle kann es gar nicht geben. Weder bei Beförderungen noch bei Kündigungen wird im Personalbereich einfach gewürfelt, wen es treffen soll. Ihre eigene Person und Performance spielen immer bei solchen Entscheidungen mit.

Fragen wir also noch einmal: Machen Sie Ihre Karriere? Oder wird Ihre Karriere gemacht? Und geben wir die wahrscheinlich auch in Ihrem Fall richtige Antwort: sowohl als auch. Denn die Wahrheit liegt irgendwo dazwischen.

Der Zufall begünstigt nur den vorbereiteten Geist. So hat es der französische Chemiker Louis Pasteur vor 150 Jahren formuliert, und so erlebe auch ich es immer wieder. Kairos hieß in der griechischen Mythologie der Gott des richtigen Zeitpunkts. Bismarck sprach, deutlich irdischer, vom »Mantel der Geschichte«, den man am Zipfel packen müssen, wenn er gerade vorbeiwehe. Auch Helmut Kohl hat dieses Bild oft verwendet. Manchmal sieht man völlig klar, dass Kairos gerade lächelt: wenn in Berlin eine Mauer fällt oder wenn Sie mit einem Venture-Capital-Investor alleine im Fahrstuhl fahren. Dann sollten Sie allerdings Ihren »Elevator Pitch« auch tatsächlich präsent haben.

Es braucht eben den vorbereiteten Geist, um zu erkennen oder zumindest zu spüren, dass da gerade Ihr Mantel der Geschichte vorbeiweht, sonst sehen Sie ihn nur noch im Rückspiegel. So wie Martin F., der ganz zu Beginn seiner Laufbahn die Chance bekam, als Assistent an eine hoch angesehene Universität in den USA zu wechseln. Aber die Chance kam ihm zu überraschend, er hatte seine nächsten Schritte anders geplant, die USA passten da nicht rein. Er schlug das Angebot aus und ist sich heute sicher, damals den größten Fehler seines Lebens gemacht zu haben. Tja. »Life is what happens while you are busy making other plans.«

Auch der tollste Plan kann mal schiefgehen

Peter K. hatte seine Karriere bewusst in der zukunftsträchtigsten Sparte des Konzerns aufgebaut. Von der Geschäftsführung dort würde es nur noch ein kleiner Schritt in den Vorstand sein. Leider verpasste sein CEO im entscheidenden Moment die große Chance, die sich dieser Sparte bot, und K. leitete nicht mehr den Hoffnungsträger des Konzerns, sondern den Problemfall. Den Vorstandsposten konnte er abschreiben.

Oder Petra V., die nach höchst erfolgreicher Tätigkeit als Marketingvorstand von einem weit größeren Konzern einer anderen Branche abgeworben wurde. Schon nach einem Jahr hatte sich der Karrieresprung als Sackgasse herausgestellt – die Konzernkultur und V. passten einfach nicht zusammen. Sie hatte den vermeintlichen Mantel der Geschichte ergriffen, aber er hat sich als der falsche Griff erwiesen.

Auch die Karrierepläne, die man für den Führungsnachwuchs in Großkonzernen macht, gehen längst nicht immer auf. Der britische Unternehmensberater Charles Handy erzählte einmal, dass ihm ganz zu Beginn seiner Karriere in den 50er Jahren des 20. Jahrhunderts ein multinationaler Konzern einen langfristigen

Karriereweg aufzeichnete, an dessen Ende der Vorstandsvorsitz in einem Konzernunternehmen in einem fernen Land stand. Aber dreißig Jahre später gab es weder den Job, der ihm damals avisiert worden war, noch das Unternehmen, in dem er hätte stattfinden sollen – nicht einmal jenes ferne Land existierte in der damaligen Form noch.

Weil man Karriere nur in den seltensten Fällen überhaupt planen kann, halte ich es für gefährlich, den beruflichen Erfolg allein an der erreichten Position zu messen. Natürlich kann das auf dem Weg nach oben durchaus gut funktionieren. Die Schattenseite einer solchen Einstellung zeigt sich aber vor allem in der Krise: Wenn man sich rein über die Position definiert hat, fällt man in ein tiefes Loch, sobald man diese Position verliert.

Deutlich gesünder und für alle Seiten besser ist es, wenn Sie nicht nur nach einer Position streben, sondern damit auch einen Sinn verknüpfen, einen Inhalt, den Ihre Arbeit haben soll. Wenn es um den Sinn Ihrer Arbeit geht und wenn Sie wissen, dass Sie auf Ihrer Position eine gute Arbeit gemacht haben, dann ist ja nicht alles verloren, falls Sie diese Position aufgeben müssen. Zum einen haben Sie für sich und für andere etwas vorzuweisen – nämlich das, was Sie in Ihrem Job geleistet haben. Und zum anderen werden Sie damit auch wieder neue Positionen finden, in denen Sie gute Arbeit machen können.

Anders als noch vor wenigen Jahren wird inzwischen bei vielen Unternehmen ständig über den Sinn gesprochen, meist in der englischen Form »Purpose«. In vielen Fällen halte ich das eher für ein Feigenblatt. Welchen Sinn soll eine Eiscrememarke stiften? Und was ist der Purpose von Amazon? Aber anders als bei Marken und Konzernen ist für Menschen die Sinnfrage tatsächlich essenziell: Wir wollen etwas Sinnvolles erreichen und wir wollen etwas Sinnvolles hinterlassen. Eine Karriere ist bei weitem nicht der einzige Weg, um das zu erreichen. Aber ein guter.

Wollen allein genügt auch nicht

Um Karriere zu machen, müssen Sie zumindest ein bisschen auch Karriere machen wollen. Wir kommen auf diesen Willen zur Macht und zur Verantwortung gleich noch einmal ausführlicher zurück. Genauso wichtig für Ihre Karriere ist aber auch, ob die anderen Ihnen das zutrauen. Die anderen in Ihrer Abteilung, für die Sie im Fall einer Beförderung nicht mehr Kollegin oder Kollege, sondern Vorgesetzte oder Vorgesetzter wären; denn die müssen das erst einmal schlucken können. Die anderen auf den höheren Etagen in Ihrem Unternehmen, denn die entscheiden, wer Karriere macht und wer nicht. Und die anderen in anderen Unternehmen, bei denen Sie sich bewerben oder die Sie abwerben könnten.

Zwei einfache Fragen, auf die Sie jeweils mit Ja oder Nein antworten können:

- Kann ich mir für mich selbst vorstellen, oben zu sein, und glaube ich an mich?
- Können die anderen sich vorstellen, dass ich oben bin, und was projizieren sie auf mich?

Aus der Kombination dieser beiden Antworten ergeben sich vier Konstellationen:

	JA, ich sehe mich oben	**NEIN, ich sehe mich nicht oben**
JA, die anderen sehen mich oben	Just do it!	die Probier-Chefs
NEIN, die anderen sehen mich nicht oben	die Problem-Chefs	Ist schon okay so …

Tabelle 1: Karrierechancen – Eigenwahrnehmung und Fremdwahrnehmung

JA von innen, JA von außen: Just do it!

Man erweckt nicht nur den Eindruck, zu Höherem berufen zu sein, sondern man hat diesen Eindruck auch selbst. Und wenn nicht nur der Eindruck, sondern auch die Leistung stimmt, steht dem weiteren Aufstieg nichts mehr im Wege. Das ist der Stoff, aus dem Erfolgsgeschichten gemacht werden.

Allerdings handelt es sich hier um ein reichlich großes »Wenn«, denn gerade in jenen Fällen, in denen die Besetzung einer Führungsposition nur nach solch intuitiven Kriterien erfolgt, ist die Fehlerquote riesengroß.

Scheinbar »geborene« Chefs, die aber im realen Berufsleben keine gute Führungsfigur machen, haben einen (für sie selbst) großen Vorteil, der (für das Unternehmen) tragisch enden kann: Ihre Schwächen fallen kaum auf. Ist man erst mal auf der Chefetage angekommen, bleibt man normalerweise auch dort. Wer schlechte Leistung bringt, kann sich in der Regel lange verstecken. Erst wenn die Schwäche fühlbar wird und nachweislich die Lage des Unternehmens verschlechtert, ist oft der persönliche Höhenflug beendet. Aber der dabei entstandene Schaden ist kaum wiedergutzumachen.

Zum Beispiel: Wolfgang Bernhard

Er war das Supertalent der Daimler AG. Mit 30 schon promovierter Wirtschaftsingenieur mit MBA, legte der »Car Guy« eine steile Karriere erst bei Mercedes, dann bei DaimlerChrysler hin. Er hatte ein Gespür und eine Leidenschaft für Autos, was auf der CxO-Etage nur noch selten vorkommt. Für die Position ganz oben war Bernhard aber dann doch vielleicht etwas zu brillant: Die Daimler AG des frühen 21. Jahrhunderts wurde nicht von ihm geprägt, sondern vom deutlich volksnäheren Dieter Zetsche.

JA von innen, NEIN von außen: die Problem-Chefs

Eine schwierige Konstellation. Diese »Ich kam, sah und siegte«-Typen mit ihrer fast narzisstischen Selbstüberhöhung können für Außenstehende wie eine Managerparodie wirken. Sie fallen in jedem Unternehmen auf – in den meisten allerdings unangenehm, denn ihnen fehlt die Akzeptanz der Follower, ohne die man nun mal kein guter Leader werden kann. In meinen Interviews fallen sie als Kandidaten fast immer durch, weil auf dieser Diskrepanz zwischen Selbst- und Fremdwahrnehmung kein Segen liegt. Nur wenige Unternehmenskulturen vertragen diesen Typus, einzelne Unternehmen saugen ihn aber geradezu auf: nämlich Unternehmen mit einem sehr starken internen Wettbewerb, mit »Renner- und Penner-Listen« und einer aggressiven Arbeitskultur.

Aus einer solchen manchmal geradezu toxischen Umgebung führt kaum ein Weg zurück in die Welt der »normalen« Unternehmen, in denen mit weniger Narzissmus mehr Sinn produziert wird. Vielleicht wäre man dann doch besser beraten, den Weg in die Selbstständigkeit zu gehen. Da kann man immerhin genau *so* sein eigener Chef sein, wie man es will.

Zum Beispiel: Thomas Middelhoff

Bei dem sonst so graumäusigen Medienkonzern Bertelsmann aus dem ebenso graumäusigen Gütersloh gab er den schillernden Star. Von keinem Selbstzweifel angekränkelt, führte Thomas Middelhoff die Bertelsmänner mitten hinein in den Überschwang der Dotcom-Zeit um die Jahrtausendwende. Einige seiner Onlinewetten glückten spektakulär, aber gerade sein Hang zum Spekulativen stieß der knochentrockenen Gründerfamilie Mohn sauer auf und Middelhoff wurde 2002 gefeuert. Danach fuhr er den bereits angeschlagenen Karstadt-Quelle-Konzern vollends gegen die Wand, mit Methoden, die ihn schließlich für eineinhalb Jahre ins Gefängnis brachten.

NEIN von innen, JA von außen: die Probier-Chefs

Es ist immer charmanter, wenn Menschen sich unterschätzen, als wenn sie sich überschätzen. Viele, die in ihrem Berufsleben noch nie Führungsverantwortung hatten, können sich nicht so recht vorstellen, dass sie als Führungskraft geeignet sind. Gerade in einer solchen Situation ist es außerordentlich hilfreich, wenn einem jemand anderes das zutraut. Für die Personen im eigenen Umfeld, sowohl beruflich wie privat, ist das ein Fall für Nudging, jenes Anstupsen, mit dem man jemanden sachte aus der Komfortzone in einen anderen Zustand bugsieren kann.

Und für die verhinderte Führungsperson selbst ist es ein Fall für Experimente: Probieren Sie's doch mal aus, Chef zu sein. Und holen Sie sich dafür Unterstützung: interne, beispielsweise durch einen Mentoring, oder auch externe, zum Beispiel durch einen Coach. Nicht wenige sind durch solche Weiterentwicklung zu guten Chefs geworden.

Zum Beispiel: Charlie Chaplin

»Jetzt müssen Sie sprechen«, sagt Kommandeur Schultz zu dem kleinen Friseur. – »Ich kann nicht.« – »Sie müssen! Das ist unsere einzige Hoffnung.« – »Hoffnung …«, sagt der Friseur leise, tritt zögernd nach vorne und hält die flammendste, berührendste Rede der gesamten Filmgeschichte. So endet Charlie Chaplins Film *Der große Diktator* von 1940. Ein einfacher, normaler Mensch wird aufgrund seiner Ähnlichkeit mit dem Diktator Hynkel verwechselt, muss deshalb plötzlich selbst Führungsaufgaben wahrnehmen, und rettet mit seinem Auftritt Menschen und Menschlichkeit vor einem brutalen Regime.

NEIN von innen, NEIN von außen: Ist schon okay so …

Es gibt eine ganze Menge Leute, die überhaupt keine Ambition haben, Chef zu werden. Sie wollen einen Job machen, der berechenbar ist, der bei A anfängt und bei B aufhört, und dann reicht es. Nicht zu viel Verantwortung, nicht zu viel Druck. Abends geht man nach Hause, zu den Kindern, den Pferden, der Tanzschule; bis zum nächsten Arbeitsbeginn. Und das ist auch völlig okay so. In meiner Zeit im Personalbereich einer Versicherung habe ich sehr viele Mitarbeiterinnen und Mitarbeiter kennen gelernt, die extrem spannende und ausgefallene Hobbys hatten. Aber sie konnten diese nur ausüben, weil sie pünktlich Feierabend machen konnten. Als Führungskraft muss man lernen, zu akzeptieren, dass manche Beschäftigte sich ihr Berufsleben anders vorstellen als man selbst. Es mag zwar sein, dass dabei eine ganze Reihe von Talenten gar nicht erst entdeckt wird – aber man kann nun mal niemand dazu zwingen, entdeckt zu werden.

Im Normalfall machen Menschen, denen niemand eine Karriere zutraut, auch tatsächlich keine, und bleiben deshalb unbekannt. Die Beschäftigten, die sich für diesen Weg entscheiden, sollten allerdings dann auch davon absehen, die anderen um ihre Karriere, ihr Einkommen, ihren Dienstwagen zu beneiden.

Zum Beispiel: Angela Merkel

Natürlich geht es hier nicht um die Bundeskanzlerin Angela Merkel, sondern um Dr. Angela Merkel aus der DDR-Zeit. Mit einem stringenten Lebenslauf und einer durchaus anspruchsvollen Tätigkeit als Chemikerin bei der DDR-Akademie der Wissenschaften wäre sie niemals auf die Idee gekommen, sich für eine Leitungsfunktion in der Regierung zu interessieren. Und es hätte auch niemand sie jemals für eine Karriere im Staatsapparat in Betracht gezogen. Im Arbeiter- und Bauernstaat DDR war es ein klarer Karrierenachteil, die Tochter eines Pastors zu sein. Der Angela

Merkel aus dem September 1989 stand also eine klassische Expertinnenlaufbahn bevor. Aber dann wurde der Staat, in dem sie aufgewachsen war, durch einen anderen ersetzt – und für die Angela Merkel aus dem Dezember 1989 öffneten sich eine neue Welt und eine neue Karriere.

Was ist Karriere überhaupt?

»Wenn du Erfolg haben willst: Kultiviere einen bronzenen Teint, wohne in einem eleganten Haus – und wenn es im Keller ist –, lasse dich in den angesagtesten Restaurants sehen – und wenn du nur ein Glas trinkst –, und wenn du borgst, borge viel.« So lautet der Karriereratschlag, nein, nicht von mir, sondern von einem der legendärsten Unternehmer des 20. Jahrhunderts, dem griechischen »Tankerkönig« Aristoteles Onassis. Für mich ist dies ein besonders augenfälliges Beispiel dafür, dass ein solcher Ratschlag eher etwas über den Ratgebenden selbst aussagt, als dass er anderen Nutzen bringen könnte. Jedes Wort des Zitats passt hundertprozentig auf die Karriere von Onassis – und keins davon passt auch nur ansatzweise auf die der meisten Menschen.

Diese Diskrepanz zwischen fremdem Ratschlag und eigener Realität ist kein Onassis'scher Sonderfall. Dieses Phänomen wiederholt sich im Großen und Ganzen bei den meisten klassischen Karriereratgebern. Wir hören gerne Erfolgsgeschichten und versuchen, auch etwas für uns daraus zu lernen. Aber wir sollten nicht versuchen, die Erfolgsrezepte anderer zu kopieren: Denn *die* Karriere gibt es nicht. Karriere ist so individuell wie die Menschen, die sie machen.

Das ist zwar keine völlig neue Entwicklung, aber sie findet in einer völlig neuen Dimension statt. Auch früher gab es unterschiedliche Wege, nach oben zu kommen, aber es gab mehr Eckpfeiler und Erfolgsfaktoren: Wenn ich diese alle zusammenbringe, dann wird daraus Karriere.

Auf einem der traditionellen Karrierewege war ich selbst zu Beginn meiner Berufstätigkeit unterwegs. Mehrere Jahre arbeitete ich als Werkstudentin und Mitarbeiterin bei Daimler in der Personalabteilung, in Berlin bei der damaligen Dienstleistungstochter Debis. Wäre ich damals dortgeblieben, hätte als nächster Schritt anstehen können, Vorstandsassistentin zu werden. Hätte ich mich darauf eingelassen, hätte ich ein paar Jahre später möglicherweise erstmals eine Abteilung geleitet.

Ein anderer traditioneller Weg ist mit einem Firmennamen verbunden: die McKinsey-Karriere. Sie heißt allerdings nicht so, weil es darum geht, bei der Unternehmensberatung McKinsey aufzusteigen, sondern weil man aufsteigt, indem man von McKinsey weggeht. Ganze Konzernvorstände sind heute besetzt mit Leuten, die vorher bei McKinsey in die Karriere gestartet waren. Aber natürlich führt ein ähnlicher Weg auch aus anderen Beratungsunternehmen hinaus, in der Regel zu einem der Kunden, die man dort betreut hatte.

Diese klassischen Wege gibt es immer noch, aber es gibt daneben noch viele, viele andere. So vielfältig, wie heute Unternehmen, Jobs und deren Anforderungen geworden sind, so vielfältig sind auch die Zugänge geworden. Auch wer mit 30 ein Start-up gründet, kann mit 40 noch mal in einen Konzernvorstand abgeworben werden. Es geht sogar noch schneller: Der Israeli Shai Agassi etwa gründete mit 24 sein erstes Start-up, wurde mit 34 Vorstand des deutschen Softwarekonzerns SAP und trat 2007 schon vor seinem 40. Geburtstag als Manager wieder ab, um erneut Unternehmer zu sein.

Über Agassis Ausstieg aus dem SAP-Vorstand wurde damals viel diskutiert. War das jetzt ein Karriereknick und der Quereinsteiger am Konzern gescheitert? Oder ein Karrieresprung, der die Grenzen des Konzerndenkens aufzeigte? Ich habe eine dritte Antwort: Es war ein Karriereschritt, der zur Person passte und mit allen Konventionen brach. Schauen wir uns alle drei Antworten etwas genauer an, da an ihnen der aktuelle Wandel des Karrierebegriffs deutlich wird.

Hinter der *Karriereknick*-Antwort steht ein sehr hierarchisches Verständnis, wie es in der Old Economy üblich war. Da bedeutete Karriere Status und Macht, sie manifestierte sich durch Statussymbole wie hohe Gehälter, große Büros, Autos mit Fahrern und eine möglichst große Gefolgschaft. Mit der Herrschaft über Tausende Untergebene, wie sie ein Großkonzern bietet, kann ein Start-up niemals mithalten.

Die *Karrieresprung*-Antwort verbindet sich mit dem dynamischen Verständnis der New Economy. Na klar, als Vorstand kann man Millionär werden – aber als Entrepreneur Milliardär. Mit der richtigen Idee zur richtigen Zeit erreicht man eine Gestaltungsmacht und -freiheit, von der Manager nur träumen können. Und die einzigen Hierarchien, mit denen man es zu tun bekommt, sind diejenigen, die man selbst in seinem Unternehmen eingeführt hat.

Um die Jahrtausendwende sah es kurz einmal so aus, als würde die New Economy die traditionellen Konzerne schlicht auffressen. Und bis heute übt die von ihr geprägte Silicon-Valley-Kultur einen starken Einfluss auf die Wirtschaft aus. Allerdings leben heute Startups und Konzerne im gleichen ökonomischen System; mal frisst ein Kleiner einen Großen, mal ein Großer viele Kleine, und mal grast man friedlich nebeneinander her oder profitiert gar vom anderen.

Meine *Karriereschritt*-Antwort geht hingegen weder vom alten noch vom neuen Unternehmensverständnis aus, sondern vom Individuum. Von Shai Agassi, von Stephanie Schorp, von Ihnen. Was ist Karriere – nicht in den Augen der anderen, sondern in Ihren Augen? Höhere Position, mehr Gehalt, größere Verantwortung, besserer Dienstwagen, schöneres Büro und so weiter? Zeitliche und örtliche Flexibilität, eine Aufgabe, die Spaß macht, Sinn stiftet und auch noch Geld bringt? Oder beides? Oder irgendeine Kombination davon? Oder heute dies und morgen jenes? Oder etwas ganz anderes?

Es gibt nicht mehr *den* Karrierebegriff, und es gibt nicht mehr *die* Karriere. Karrieren sind immer im Plural, und Ihre eigene Karriere ist immer ein ganz individueller Singular. Karriere ist ein Zusammenkommen von ganz vielen Faktoren. Ein Konglomerat von Kompetenzen, Talenten, Zeitgeist, Situation. Right time, right place, right person.

Und diese Person schauen wir uns jetzt genauer an: Was ist für Sie Karriere, was bedeutet Erfolg für Sie ganz persönlich?

Was bedeutet Erfolg für Sie?

Es gibt Erfolge, die sind messbar. Eine Olympiamedaille, ein Abiturzeugnis, eine gewonnene Ausschreibung, ein erreichtes Gewinnziel. Aber selbst diese messbaren Erfolge können einem wie ein Misserfolg vorkommen: wenn man Gold vor Augen hatte, aber Bronze bekommt, wenn der Abiturschnitt nicht für das Wunschstudium reicht, wenn der neue Auftrag zwar Umsatz bringt, aber kaum die Kosten deckt, wenn das Gewinnziel nur erreicht wurde, weil man die Zukunftsinvestitionen zusammengestrichen hat.

Selbst da, wo Erfolge objektiv gemessen werden können, können sie sich subjektiv ganz anders anfühlen. Und oft existiert gar kein allgemeiner Maßstab, der verwendet werden könnte. Wie misst man, ob Ihnen das Abendessen gelungen ist? Ob Sie Ihren Job gut gemacht haben? Ob die Atmosphäre im Team stimmt? Ob Sie eine gute Führungskraft sind? Verschiedene Beteiligte können und werden hier jeweils unterschiedliche Auffassungen haben. Aber da in jedem Fall Sie zu den Beteiligten gehören, beginnen wir am besten bei Ihnen selbst: Wie fühlt es sich bei Ihnen an? Was bedeutet für Sie Erfolg?

Ich kann ja den Anfang machen. Für mich persönlich war und ist Erfolg immer das Zusammenspiel von

- einem Beruf mit anspruchsvollen Inhalten und Menschen, Dynamik und geistiger Beweglichkeit,
- einem wie auch immer gearteten Impact auf Wirtschaft und Gesellschaft,
- einem harmonischen Familienleben sowie
- einem guten Leben jenseits des eigenen Berufs.

Für Sie persönlich kann das natürlich ganz anders aussehen; es gibt hier keine einzig wahre Zusammenstellung und Prioritätensetzung.

Wie herausfordernd es ist, Familie, Beruf, Soziales, persönliches Wohlbefinden und geistige und physische Fitness unter einen Hut zu bekommen, wissen wir alle. Und auch, dass dieses Zusammenspiel längst nicht immer so klappt, wie ich es mir wünsche.

Und jetzt Sie: Was bedeutet Erfolg für Sie? Vermutlich ist das eine Frage, die Sie sich nicht gerade täglich stellen. Hoffentlich sogar. Denn es ist auf Dauer nicht gesund, jeden Morgen beim Frühstück zu überlegen, womit Sie heute Erfolg haben wollen. Ich hingegen habe täglich mit dieser Frage zu tun. Alle, die mir im Gespräch gegenübersitzen, stellen sie sich bewusst oder unbewusst – schließlich geht man zum Interview mit einer Headhunterin, weil man sich verbessern will. Und auch ich frage mich in der Regel, was für meine Gesprächspartner Erfolg bedeutet. Denn ich weiß ja in etwa, was sie bei meinem jeweiligen Auftraggeber erwartet; und keiner hat etwas davon, wenn die beiderseitigen Vorstellungen nicht zusammenpassen.

Von den vier Erfolgskriterien, die für mich eine Rolle spielen, finden zwei in meinen Kandidateninterviews nur ganz am Rande statt: die Familie und das Privatleben. Das liegt natürlich nicht daran, dass meine Kandidatinnen und Kandidaten sich nicht dafür interessieren. Themen wie Glück oder Harmonie spielen sogar eine große Rolle für die Entscheidung der Kandidaten; aber weniger im Gespräch mit mir. Das liegt zum einen daran, dass die meisten davon ausgehen, dass wir nur über Business reden und reden sollen. Wenn ein Unternehmen einen neuen Verkaufsleiter sucht, und der Kandidat von seinem Familienleben redet, dann passt das nicht. Und zum anderen sind die Menschen, die ich interviewe, größtenteils der Meinung, dass sie für ihr Glück selbst verantwortlich sind und ein Job da nur Beiwerk sein kann.

Letzteres sehe ich ähnlich. Ich würde sogar noch einen Schritt weiter gehen und sagen, dass der Job *nichts* mit Ihrem Glück zu tun hat. Für Ihr Glück ist keiner verantwortlich außer Ihnen selbst. Wenn Sie im alten Job Probleme haben, haben Sie sie mit großer Wahrscheinlichkeit auch im neuen Job. In meinem Job wiederum geht es nicht darum, Sie glücklich zu machen. Zufrieden: ja. Ausgefüllt, motiviert: das auch. Aber glücklich: Das liegt bei Ihnen.

Ihre Persönlichkeit wird im Lauf des Gesprächs dennoch Thema sein. Denn Ihr Erfolg hat auch immer etwas mit Ihnen als Person zu tun, das Privatleben lässt sich also nie so ganz ausklammern. Bei Fragen wie »Wie mobil sind Sie?« oder »Wie viele Kinder haben Sie?« wird auch die private Ebene berührt werden. Und wenn es sich nicht ohnehin ergibt, piekse ich die Kandidaten eben an, über sich selbst zu reden. Wenn Sie Erfolg längerfristig denken und leben möchten, ist es wichtig, dass es um Sie geht. Um die beste Version Ihrer selbst.

Wenn wir rein bei den beruflichen Erfolgskriterien bleiben, dann tauchen vier davon immer wieder in meinen Interviews auf: Macht, Geld, Verantwortung, Berufung. Schauen wir sie uns etwas genauer an. Und prüfen Sie, wo Sie sich einordnen würden.

Macht

In Talkshows winken Manager regelmäßig ab, wenn sie auf ihre Macht angesprochen werden. Es gehe ihnen nicht um Macht, es gehe um Gestaltung. Gestaltung klingt nicht so hart wie Macht, und es zeigt auch gleich an, dass es nicht so sehr um eine abstrakte Macht über Menschen geht als vielmehr um die Möglichkeit, bestimmte Inhalte umzusetzen und durchzusetzen.

In meinen Interviews taucht beides häufig auf. Vielen Kandidaten ist vor allem der Status wichtig: dass sie bestimmen, wo es langgeht; dass es niemanden mehr gibt, der über ihnen steht. Es gibt aber auch viele Kandidaten, die sehr stark inhaltlich motiviert sind. Die etwas Bestimmtes anstreben und in einer neuen Position bessere Chancen sehen, das auch zu erreichen. Ich nenne das Gestaltungsmacht.

Ganz ohne einen solchen inhaltlichen Antrieb geht es nur in den seltensten Fällen. Allenfalls sehr hierarchische Organisationen kommen mir da in den Sinn, bei denen die einzige Möglichkeit zur Auszeichnung in der Beförderung besteht – etwa die Bundeswehr oder Versicherungsvertriebe. Denn auch in den höchsten Managementpositionen werden Sie nie in der Lage sein, alleine zu bestimmen, wo es langgeht. Auch als Vorstand haben Sie noch Leute neben sich, die anderen Vorstände eben; und wenn Sie es als CEO zum Vorstandschef gebracht haben, stehen neben oder über Ihnen die Aufsichtsräte, die Eigentümer, die Stakeholder. Die Grenzen, an die Ihre Macht dadurch zwangsläufig früher oder später stößt, können Sie besser akzeptieren, wenn Sie innerhalb dieser Grenzen etwas erreichen können, das Ihnen wichtig ist.

Wenn Sie wirklich sicher sein wollen, dass niemand mehr über Ihnen steht, gründen Sie am besten Ihr eigenes Unternehmen.

Geld

Geld ist wichtig, aber oft nicht der entscheidende Punkt. In meinen Interviews versuche ich immer, die Motivlage meiner Gesprächspartner zu verstehen: Was treibt sie an? Warum machen sie das, was sie gerade machen? Und warum würden sie wechseln? Und da ist Geld tatsächlich meist nebensächlich.

Natürlich wird Geld immer wichtig sein, aber es gibt andere Kategorien, die wichtiger sind. Der Sinn steht tendenziell über dem schnöden Mammon. Traditionell tritt etwa ab dem 40. Lebensjahr die Sinnfrage in den Vordergrund, während sie beim Berufsein- oder -aufstieg weniger wichtig ist; in jüngster Zeit sind allerdings auch und gerade junge Menschen weniger auf Geld, sondern mehr auf »Impact« aus. Übrigens ist es schon lange nicht mehr zwingend, dass die höchsten Gehälter in einem Unternehmen an die Vorstände gezahlt werden. Starverkäufer liegen da oft locker drüber, und auch als Digital-Innovation-Guru eines Konzerns können Sie vermutlich mehr Geld verdienen als dessen CEO.

Ich habe oft Kandidaten, die eigentlich über der Gehaltsregion liegen, für die ich gerade suche. Das sage ich am Anfang des Interviews direkt. Und dann höre ich fast jedes Mal: »Am Gehalt wird es nicht scheitern, wenn sonst alles stimmt.« Es muss nicht immer ein höheres Einkommen sein, wenn die Herausforderung die Richtige ist.

Natürlich: Niemand geht in ein Gespräch mit einer Headhunterin, um hinterher auf einen Job mit weniger Gehalt zu wechseln. Das aktuelle Gehaltsniveau stellt in den meisten Fällen eine harte Untergrenze dar, eine wirkliche finanzielle Verschlechterung wäre sehr unüblich. Da müsste der Leidensdruck in der aktuellen Position schon sehr stark sein.

Verantwortung

Ein Karrieresprung geht in der Regel nicht nur mit mehr Gehalt, sondern auch mit mehr Verantwortung einher. Diese Verantwortung ist sozusagen das Gegenstück zur Gestaltungsmacht: Die Macht ermöglicht Ihnen, etwas zu bewirken – und die Verantwortung verpflichtet Sie dazu. Das ist eindeutig der härtere Teil; deshalb ist die Verantwortung dasjenige Kriterium, das viele davor zurückschrecken lässt, eine Führungsposition anzustreben. Wenn Sie nicht verantwortlich sind, können Sie jeden Tag zu einer bestimmten Zeit Feierabend machen, aber wenn Sie Verantwortung tragen, hängt das ganze Team, die ganze Abteilung oder eben das ganze Unternehmen von Ihnen ab.

Damit geht es bei Verantwortung zwangsläufig nicht nur um Sie selbst, sondern immer auch um die anderen. Für Menschen, die vor allem egozentriert sind, ist das schon eine Hürde. Und für mich ist es inzwischen eine Hürde geworden, das im Gespräch zu erkennen. Denn es hat sich herumgesprochen, dass man heute als Führungskraft Teamfähigkeit braucht, weshalb auch Kandidaten sich als teamfähig bezeichnen, die das nicht wirklich sind.

Wie ist das bei Ihnen? Arbeiten Sie gerne mit anderen zusammen, weil Sie dadurch besser werden, als wenn Sie alleine sind? Oder arbeiten und planen Sie am liebsten für sich selbst, und brauchen dann nur Umsetzer? Das ist eine Frage des Menschentypus und der ist nur schwer veränderbar: Wenn Sie, wie Wilhelm Tell, eigentlich finden, dass der Starke am mächtigsten allein ist, wird aus Ihnen kein Teamplayer werden. Umso wichtiger ist es dann, dass Sie als Führungskraft bewusst Verantwortung für Ihre Leute übernehmen, indem Sie ihnen ermöglichen, sich weiterzuentwickeln, ihnen ehrliches Feedback geben oder sie nicht im Regen stehen lassen, wenn es Ärger gibt. Als Vorgesetzte oder Vorgesetzter müssen Sie kein Kumpeltyp sein.

Berufung

In meiner Generation spielte die Berufung eine viel kleinere Rolle als heute. Da ging es nicht darum, ob man sich dazu berufen fühlt, in die vorderste Reihe zu gehen, und wofür man das auf sich nehmen würde. Niemand hat sich, um den kürzlich verstorbenen Begründer der »New-Work«-Bewegung Frithjof Bergmann zu zitieren, dafür interessiert, was ich »wirklich, wirklich will«. Der Ratschlag meiner Mutter war für die damalige Zeit fast schon fortschrittlich: »Du musst einen Job haben, der dich glücklich macht, aber mit dem du auch Geld verdienen kannst.« Es ging um Bedarfe, nicht um Berufung, basta.

Das ändert sich gerade. In der aktuellen Situation taucht das sinnorientierte Leben und Arbeiten häufiger auf. Natürlich verlangt keiner meiner Gesprächspartner, ich solle ihm etwas für seine Berufung finden – aber Impact ist sehr wichtig. Man möchte etwas bewirken, etwas gestalten, Einfluss haben auf das System, sowohl intern als auch extern.

Bei Jugendlichen und bei Silicon-Valley-Entrepreneuren wird dieser Impact häufig in Richtung Weltrettung verstanden: Noch die nichtsnutzigste App soll dazu beitragen, dass »the world a better place« wird. Für mich ist das ein ähnlicher Fall wie das Glück: Man macht es für sich, und das ist gut so, aber man sollte nicht erwarten, dass man sein Gehalt als Weltretter verdient.

In meinen Interviews geht es häufig darum, dass die Kandidaten gerne etwas machen würden, was ihnen mehr entspricht als ihr aktueller Job, etwas, das sie wirklich machen wollen. Die eigene Weiterentwicklung kann eine starke Wechselmotivation sein – und das betrifft sowohl Ihre berufliche als auch Ihre persönliche Entwicklung. Wenn es dazu kommt, ist auch tatsächlich eine Win-win-Situation für alle Beteiligten entstanden. Unter der Voraussetzung natürlich, dass das, was Sie wirklich, wirklich wollen, auch etwas ist, das Sie wirklich, wirklich können.

2.
Anforderungen an Manager heute

Vor vierzig Jahren erschien eines der bestverkauften Managementbücher aller Zeiten: *In Search of Excellence* von Tom Peters und Robert Waterman (deutsch: *Auf der Suche nach Spitzenleistungen*). Allein in den ersten vier Jahren wurde das Buch drei Millionen Mal verkauft, es prägte die Welt- und Geschäftssicht von Generationen von Managern. Und in vielen Punkten ist es noch immer aktuell. Selbst wenn viele der damals untersuchten »Spitzenunternehmen« längst nicht mehr existieren – was ein gut geführtes Großunternehmen ausmacht, unterscheidet sich heute nicht allzu sehr von damals: einfache Abläufe, Konzentration auf Kernkompetenzen, Praxisorientierung und eine Kombination aus zentralen Vorgaben und individueller Freiheit. Wenn man dann noch seine Kunden liebt und seinen Mitarbeitenden das Gefühl gibt, dass sie Gewinner sind, kann damals wie heute nicht viel schiefgehen.

Auch viele zentrale Anforderungen an die Wirtschaftselite von heute sind noch dieselben wie vor vierzig Jahren. Durchsetzungsfähigkeit, Leistungsbereitschaft und Leistungsmotivation sind auch in Zeiten der Transformation und Digitalen Revolution unabdingbare Fähigkeiten für Führungskräfte. Ein weiteres verbindendes Merkmal von Topmanagern ist ihr bemerkenswert hohes Energieniveau sowie die ausgeprägte Ambition, gestalten zu wollen: möglichst wenige Leute über sich zu haben, die einem sagen, wo es langgeht – wohl wissend, dass Konzernkarrieren dieses Bedürfnis nach Freiheit nur bedingt erfüllen können.

Aber diese beträchtliche Stabilität bei einigen Anforderungen bedeutet natürlich nicht, dass in den vergangenen Jahrzehnten alles beim Alten geblieben wäre. Um ein Beispiel aus der Fußballwelt zu geben: Ein Jahrhundertspieler wie Franz Beckenbauer wäre sicherlich auch in der heutigen Zeit ein herausragender Fußballer geworden, aber sicherlich nicht in der Rolle des Libero, in der er in den 1970er Jahren weltberühmt wurde. Denn diese Position gibt es in den heutigen Spielsystemen nicht mehr. Umgekehrt wäre ein mitspielender Torhüter, wie ihn Manuel Neuer verkörpert, vor vier Jahrzehnten undenkbar gewesen. Auch wenn es das gleiche Spiel ist, ändern sich die Systeme und die Rollen, und damit treten neben einige bewährte Anforderungen auch neue Qualitäten, die nicht mehr zeitgemäße Eigenschaften ersetzen.

Alte Werte, neue Qualitäten

Welche Anforderungen werden an Führungskräfte heute und auch morgen gestellt? Was ändert sich? Was bleibt? Diese Fragen stelle ich mir regelmäßig bei meiner Arbeit, haben die Antworten darauf doch ganz entscheidende Auswirkungen auf die Auswahl der Kandidaten.

Dabei sehe ich vor allem *eine* Veränderung, die dazu führt, dass wir künftig andere Kompetenzen entwickeln müssen, um die aktuellen Herausforderungen für Wirtschaft und Gesellschaft bewältigen zu können. Sie wird als VUKA bezeichnet: die Abkürzung für Volatilität, Unsicherheit, Komplexität und Ambiguität (oder Mehrdeutigkeit). Unsere Welt und unsere Wirtschaft werden immer komplexer und unkontrollierbarer.

Geprägt wurde der VUKA-Begriff (in der englischen Form mit VUCA abgekürzt) schon Ende der 1980er Jahre im Militär. Der Kalte Krieg in den Jahrzehnten davor war gefährlich, aber berechenbar: zwei Supermächte standen sich gegenüber, mit bekannten Zielen, Strategien, Freunden und Feinden. Mit dem Ende der Sowjetunion war der eine große Konflikt vorbei und an seine Stelle traten kleinere, unberechenbarere Konflikte. Spätestens mit den Terroranschlägen des 11. September 2001 kam VUKA auch in der Politik an. Aus jener Zeit stammt auch der Begriff der »Unknown Unknowns«, der Dinge, von denen wir nicht einmal wissen, dass wir sie nicht wissen – passenderweise geprägt vom damaligen US-Verteidigungsminister Donald Rumsfeld.

In der Wirtschaft nahmen parallel dazu ebenfalls Unsicherheit und Komplexität zu – ausgelöst allerdings nicht von Terroristen als vielmehr von der Digitalisierung. Bildhaft formuliert wurde sie um die Jahrtausendwende beispielsweise auf der Homepage des damaligen Bertelsmann-Vorstandsvorsitzenden Thomas Middelhoff. Die Seite zeigte einen friedlich grasenden Elefanten, dem eine Maus auf den Fuß tritt. Und diese sagte: »Innerhalb von sechs Monaten werde ich doppelt so groß sein wie du und mir dann überlegen, ob ich dich fressen möchte.« Und darunter: »Absurd? Today, that's business.« Passend zu diesem Bild verspeiste kurz darauf tatsächlich die Internetmaus AOL den Medienelefanten Time Warner.

An den Finanzmärkten hingegen wurde die Volatilität noch eine Zeit lang künstlich kleingehalten: durch Alan Greenspan, den Chef der US-Notenbank Federal Reserve. Ihm schwebte eine »Great Moderation« vor, in der eine Feinsteuerung der Zentralbanken die Akteure an den Börsen jeweils sachte in die richtige Richtung bugsiert. Ein paar Jahre ging das tatsächlich gut – um dann in der Weltfinanzkrise von 2008/09 krachend zu scheitern.

Seither ist VUKA überall. In jeder Region, in jeder Branche. Und wer so tut, als sei alles normal und wie früher, so wie es beispielsweise lange in der deutschen Automobilindustrie der Fall war, wird früher oder später eines Besseren belehrt. Oder eines Schlechteren? Kommt ganz drauf an, wie man es sieht; so ist das nun mal bei Ambiguität.

Und VUKA führt zum Ruf nach einem neuen Führungstyp. Zu Recht. Denn in den Chefetagen großer Firmen hielt sich zu hartnäckig der macht- und statusorientierte, meist weiße ältere Mann mit der Attitüde: »Nur ich weiß, wo es langgeht.« In vielen Fällen wissen sie es allerdings genauso wenig wie wir. Vielleicht war das früher ja auch schon so, aber damals fiel es nicht so schnell auf wie heute.

Wenn das nicht mehr gefragt ist, was dann? Nicht das genaue Gegenteil: Wie schon gesagt, gibt es viele Eigenschaften, die früher wie heute und morgen eine gute Führungskraft ausmachen.

Integrität, Verantwortungsübernahme und ein stabiles Wertesystem haben gute Manager schon immer gebraucht und werden sie auch künftig immer brauchen. Und in unsicheren Zeiten hat es sich schon immer bewährt, wenn die Spitze Orientierung bietet. Heute brauchen wir mehr denn je die Fähigkeit, Druck und vor allem Unsicherheit auszuhalten. Auch die Leader der Zukunft strahlen also Ruhe aus, gerade wenn draußen der Sturm tobt.

Aber sie wissen eben nicht alles besser, und sie tun auch nicht so, als gäbe es die Unsicherheit gar nicht. Während früher ein großer Fokus auf natürlicher Autorität, Auftreten und Parkettsicherheit lag, sind heute viel mehr flexible Typen gefragt, die sich an ihr jeweiliges Umfeld schnell anpassen können. Sie verstehen ihr Tun mehr als Hypothesentesten und Experimentieren – immer mit dem größtmöglichen Verantwortungsbewusstsein, aber eben auch mit einem hohen Maß an Adaptivität, um schnell gegenzusteuern, wenn der eingeschlagene Weg sich doch nicht als der richtige erweist. Das Gegenteil also von »Augen zu und durch« oder von »mit Vollgas gegen die Wand fahren«.

Natürlich hat man auch in der VUKA-Welt nicht ständig mit Existenzkrisen zu tun. Aber Krisen geben immer auch den Anlass und die Chance, Führung neu zu denken. Vieles, was dabei hilft, einen Sturm zu überstehen, hilft auch dabei, in ruhigeren Gewässern zu navigieren. Die Adaptivität beispielsweise kann nicht nur mit ständig neuen Bedrohungen umgehen, sondern kann auch immer neue Chancen entdecken. Das bedeutet also mehr Neugier, Forscher- und Experimentiergeist, mehr Trüffelschwein. Wenn ich die Unsicherheit nicht ändern kann, dann umarme ich sie eben – ein schönes Bild, das ich Helga Nowotny verdanke, der früheren Präsidentin des Europäischen Forschungsrates.

Neben der Flexibilität gibt es noch eine ganze Reihe weiterer neuer Qualitäten, die mit VUKA in den Führungsetagen Einzug halten, oder besser: Einzug halten sollten.

Mehr Kooperation statt Konkurrenzverhalten

Wir brauchen Leader, die gerne mit anderen zusammenarbeiten und sich manchmal sogar eines Besseren belehren lassen. Die sich sehr bewusst Unterstützung und Ratgeber mit verschiedenen, vielleicht sogar sich widersprechenden Ansichten suchen. Es soll auch schon früher so gewesen sein, dass nicht einer alles alleine machen konnte und nicht alles selbst wusste. Aber durch die zunehmende Komplexität nimmt diese Diskrepanz ebenfalls zu. Führungskräfte, die sich, alles wissend, über die anderen stellen, wirken dadurch heute schnell getrieben, gehetzt. »Operative Hektik ersetzt geistige Windstille«, nannte das der Schweizer Psychiater Eugen Bleuler.

Ein kooperativer Leader verfolgt ein Gegenmodell: Man hat eher einen Helikopter- als einen Tunnelblick. Man weiß, was man kann und was nicht, und man kooperiert entsprechend. Wenn Sie es nicht so mit Zahlen haben, holen Sie sich eben einen Buchhalter mit ins Team. Sie brauchen die richtigen Menschen zur richtigen Zeit am richtigen Ort. Es schadet nicht, sich das immer wieder klarzumachen.

Kooperatives Leadership ist natürlich eine Frage der eigenen Persönlichkeit. Wenn ich davon ausgehe, dass die Welt gefährlich ist und alle mir ans Leder wollen, bin ich denkbar schlecht für Kooperation geeignet. Dann werde ich weiter auf Konkurrenz setzen müssen. Sicherlich wird man auch in Zukunft mit einer solchen Ellenbogenmentalität noch Karrierechancen haben. Es gibt so viele Unternehmen in so vielen unterschiedlichen Situationen, irgendetwas findet sich da immer. Aber es wird weniger solcher Karrieren geben als früher. Stärker gefragt wird der gegenteilige Ansatz: dass wir nur gemeinsam ans Ziel kommen, und das auch noch besser als alleine.

Arbeiten in diversen Teams statt Schmoren im eigenen Saft

Diversität bezieht sich dabei nicht nur auf Gender, sondern genauso auch auf diverse Qualifikationen und Sozialisationen. Und dabei geht es nicht um mildtätige Minderheitenpflege, sondern schlicht ums Geschäft. »Diversity wins« heißt eine McKinsey-Studie aus dem Mai 2020, die trocken feststellt: »Für diverse Unternehmen nimmt mit der Zeit die Wahrscheinlichkeit zu, dass ihre Profitabilität besser ist als der Branchendurchschnitt. Gleichzeitig geraten Unternehmen, denen es an Diversität mangelt, ökonomisch immer mehr in Rückstand.«

Das deckt sich mit meinen Eindrücken. Monochrome Teamzusammensetzungen sind nicht mehr zeitgemäß. Eine Disziplin alleine wird die großen Herausforderungen, vor denen wir stehen, nicht lösen können. Wir brauchen die Vielfalt: dass sich Philosophen mit Betriebswirtinnen und Neurobiologinnen und Theaterwissenschaftlern zusammensetzen und an einer Lösung stricken.

In der Praxis sind einige Branchen schon sehr weit vorangekommen. Insbesondere Logistik und IT sind in Bezug auf Diversität sehr gut aufgestellt. Auch bei Markenartiklern oder E-Commerce sieht die Mischung schon ganz gut aus. Ganz anders in der Automobilbranche: Im Fünferteam ist dann eben nicht ein deutscher Ingenieur, sondern fünf deutsche Ingenieure. Auch Banken und Versicherungen tun sich mit Diversität noch eher schwer.

In einer speziellen Kategorie der Teamdiversität empfinde ich Deutschland insgesamt als sehr rückständig: bei der sektoralen Mischung. Im Vertriebsteam sind nur Vertriebler, und die werden auch nicht in Projekten an anderen Stellen im Konzern eingesetzt, obwohl auch Controller oder Researcher vom Austausch mit Vertrieblern profitieren könnten – und natürlich umgekehrt. Andere Länder sind da weit aufgeschlossener.

Und in einer weiteren Kategorie haben alle Branchen in allen Ländern Schwierigkeiten mit der Diversität: beim Alter. Über all dem War for Talents wird schnell vergessen, dass es manchmal extrem hilfreich sein kann, wenn man nicht nur Jungspunde, sondern auch alte Hasen im Team hat. Im Trading Room eines Aktienhändlers beispielsweise geht es zwar so stressig zu, dass sich das freiwillig nur junge, hungrige Leute antun, aber wenn es an den Märkten kritisch oder gar panisch wird, kann die Erfahrung von Veteranen, die schon einmal einen Crash mitgemacht haben, das Überleben des ganzen Unternehmens sichern. Wer immer nach Diversity ruft, muss auch Diversität im Alter zulassen.

Mehr Lust am Konflikt statt Harmoniesoße

Die beste gemeinsame Lösung erreicht man nur im Ausnahmefall dadurch, dass der Chef von oben diktiert, wie sie aussieht. Man muss darüber reden, diskutieren, ruhig auch mal streiten. Solange alle gemeinsam daran interessiert sind, die für alle beste Lösung zu finden, ist ein Konflikt eine großartige Sache, und die Debatte erhöht in der Regel auch die Akzeptanz einer Entscheidung bei denen, die eigentlich anderer Auffassung waren. Erst wenn einzelne Beteiligte anfangen, ihre persönlichen Machtspiele zu spielen, wird es schwierig.

Konfliktstarke Führungskräfte auf den obersten Etagen gibt es einige. Und es gibt noch ein paar mehr, die gerne bereit wären, offene Debatten im Unternehmen zu führen. Aber dazu kommt es in der Regel nur selten, denn kaum jemand im Konzern ist bereit, von unten kommend mit jemand von oben in Konflikt zu treten. Wer traut sich das denn schon, wenn man mit einem Ende der Karriere oder gar dem Rausschmiss rechnen muss? Es gibt in jedem Unternehmen Beispiele (oder zumindest Legenden) von Leuten, die abgefertigt wurden, weil sie einen Widerspruch versucht hatten.

Wenn Sie nur gegen etwas sind, kann es Ihnen auch passieren, dass Sie als Querulant abgestempelt werden. Ganz anders, wenn Sie nicht nur das Problem ansprechen, sondern auch einen Ansatz zu einer Lösung damit verbinden können. Das wird in keinem Unternehmen so einfach weggewischt. Also haben Sie den Mut, Tacheles zu reden, die Dinge auf den Punkt bringen, auch wenn sie für manche unangenehm sein können – aber haben Sie genauso den Mut, sich auch auf unangenehme Debatten einzulassen, die Wahrheit zu hören und auszuhalten. Wie sagte Ingeborg Bachmann so schön? »Die Wahrheit ist dem Menschen zumutbar.« Wenn man eher ein ängstlicher, gehorsamer und obrigkeitshöriger Typ ist, kann man das natürlich nicht aushalten. Aber solche Typen brauchen wir für obere Managementpositionen auch immer weniger.

Das Zeichen von oben: ein Fragezeichen

Das Unternehmen, in dem George D. zum CEO berufen wurde, war ein Inbegriff von bürokratischer, hierarchischer Organisation. Niemand würde es wagen, die Aussagen eines Höherrangigen infrage zu stellen. Einer von D.s Vorgängern hatte einmal versucht, im Intranet offene Diskussionen anzuregen, und hatte dabei immer nur Beifall und Bestätigung geerntet, nie den Hauch einer Kritik. So wird das nichts mit der Diskussion, meinte D., und begann, im Intranet Fragen zu stellen. Offene Fragen, die mit der Zukunft des Unternehmens zu tun hatten. Und er nahm sich die Zeit, auf die Antworten, die kamen, persönlich zu reagieren. Die Hierarchiehörigkeit im Unternehmen hat er damit nicht geändert, aber der Ton ist offener geworden.

Der Mut, Fehler einzugestehen, statt auf Unfehlbarkeit zu pochen

Eigentlich erwartet man von Ihnen, wenn Sie oben sind, dass Sie ziemlich unfehlbar sind. Und in vielen Unternehmen gilt das Wort eines Vorstands ja auch etwa so viel wie in der katholischen Kirche eine Enzyklika des Papstes. Da soll Ihnen nicht jeder was vormachen können – je expertenmäßiger Sie als Führungskraft auftreten, desto besser. Andererseits sind Sie weder Papst noch Päpstin: Sie sind nicht unfehlbar, Sie können gar nicht unfehlbar sein. Darüber sollten Sie sich im Klaren sein, und das sollten Sie auch im Unternehmen klarmachen.

Bitte verstehen Sie das nicht so, dass Sie jetzt unbedingt Fehler machen oder jede Woche einen Mea-Culpa-Newsletter verschicken sollten. Aber wenn Sie auf einen Fehler aufmerksam gemacht werden, ist es tausendmal besser, Sie machen das publik, anstatt den Fehler zu vertuschen und zu hoffen, dass keiner draufstößt. Ich denke, die entsprechenden Unternehmensbeispiele zum Vertuschen haben Sie im Kopf. Bei manchen wird ja regelmäßig aus Prozessen oder Untersuchungsausschüssen berichtet.

Produktiv wird der Umgang mit Fehlern noch nicht dadurch, dass man über sie redet, sondern dadurch, dass man sie im Sinne einer Fehlerkultur analysiert und daraus lernt. Sie müssen dabei nicht unbedingt die gesamte Öffentlichkeit bei allen Lernschritten zuschauen lassen, aber es sollte zumindest beispielhaft klar werden, was Sie in Zukunft anders machen wollen.

Mehr Demut statt Überheblichkeit

Ja, das ist ein ganz gewagtes Wort für Manager: Demut. Ich hatte auch geschwankt, ob vielleicht »Anstand« oder »Respekt« besser passen, aber nein: Demut brauchen wir generell als Menschen mehr – allein schon Demut vor der Natur. Demut beschreibt das Gegenteil jener Allmachtsfantasien, die viele Manager haben: Sie sind und bleiben Menschen und sollten sich einfach nicht so wichtig nehmen. Das, wofür Sie angetreten sind, sollten Sie extrem wichtig nehmen, aber eben nicht Ihr Ego.

Den meisten von Ihnen dürfte die Corona-Pandemie einen Ego-Dämpfer beschert haben. Sie war ein Big Bang, ein Schwarzer Schwan, VUKA hoch 10: totaler Kontrollverlust, Ohnmacht und die Erkenntnis: Ich kann mich auf den Kopf stellen, hier ist etwas größer als ich.

Für einige jedoch gab es stattdessen (oder zusätzlich dazu) einen Ego-Booster: Der Ruf nach dem starken Leader wurde laut.

Plötzlich waren wir zurückkatapultiert in die Zeit der »great man theory«, in der man den Staatsmännern unterstellte, sie wüssten, was gut für alle sei. Erstaunlich viele gut ausgebildete, hoch qualifizierte Menschen ergaben sich ihrem Schicksal und fügten sich den Entscheidungen einiger weniger Führungspersönlichkeiten.

Allerdings brachte die »great man practice« ein durchaus anderes Ergebnis: Vermutlich ist kein einziges der irgendwann in der Pandemiezeit geboosteten Egos heil aus der Krise herausgekommen. Ob Ämter oder Forscher, Minister oder Manager, der Ausnahmezustand fuhr mit den Gefühlen Achterbahn. Da hat es viele aus der Kurve getragen.

Auch da hilft Demut weiter. Sie ermöglicht Ihnen, Ihre Emotionen mehr im Griff zu haben. Respekt vor den Menschen und ihren Aufgaben bedeutet auch, nicht gleich auszuticken, wenn etwas schiefläuft. Sie sollen Gefühle zeigen, aber Sie sollten sie im Griff haben.

… das nächste China

Ich fasse noch einmal kurz zusammen, was da an neuen Qualitäten von Führungskräften erwartet wird: Sie müssen adaptiv und flexibel sein, sie müssen enorme Dynamik und Geschwindigkeit genauso aushalten wie Ambiguitäten und Ambivalenzen, Widersprüche und Komplexität, und sie müssen bei sich bleiben, wenn alle Welt außer sich ist. Sie brauchen ein kritisches Bewusstsein, ein objektives Urteilssystem, müssen in der Lage sein, alles infrage zu stellen, auch sich selbst. Sie brauchen innere Unabhängigkeit, sollten nicht in Schwarz-Weiß denken, ehrlich mit sich und mit anderen sein, sich weder verbiegen noch verbiegen lassen. Sie sollten nicht alles besser wissen und schon gar nicht alles alleine können und entscheiden, sondern zugeben können, wenn sie kurzfristig auch mal nicht weiterwissen oder keine Lösung haben. Mag sein, dass ich noch etwas vergessen habe, aber ich denke, Ihnen reicht es erst mal.

Viel zu viel, werden Sie sagen, da soll eine eierlegende Wollmilchsau gezüchtet werden, das kann ja niemand alles in einer Person vereinen! In der Tat: Um das alles zusammenzubringen, müssten Sie schon mindestens Superman sein.

Oder eine Frau.

Frauen sind sicher nicht die besseren Menschen, aber von den Eigenschaften, Skills und Kompetenzen, die im modernen Leadership gefordert sind, bringen Frauen allein durch ihre Sozialisation eine ganze Menge mit. Anpassung, Flexibilität, Empathie … alles Eigenschaften, für die sich die meisten Frauen nicht groß anstrengen müssen. Frauen sind insgesamt selbstkritischer und kommen besser mit Teamarbeit klar. Sie wissen, dass sie nicht alles können, und haben gleichzeitig eine realistischere Vorstellung davon, was sie wirklich gut können. Sie überschätzen sich seltener und versuchen, sich und die anderen gar nicht erst in riskante Situationen zu bringen. Moderne Führungskunst ist also nur mit einem gehörigen Teil an weiblichen Elementen überhaupt denkbar.

Selbst wenn immer noch nur wenige Topführungskräfte weiblich sind – Frauen haben heute bessere Karrierechancen als jemals zuvor in der Geschichte. Die Unternehmen bemühen sich mehr denn je um Frauen als Arbeitnehmerinnen und auch als Managerinnen. Das liegt zum einen an demografischen Notwendigkeiten: Die neu ins Berufsleben strömenden Jahrgänge sind kleiner als diejenigen der Babyboomer, die jetzt in Rente gehen. Aber es liegt nicht nur daran. Immer mehr Firmen begreifen, dass sie Vielfalt, Innovation und Transformation brauchen. Vielfalt bedeutet Wettbewerbsvorteil, und wer meint, nur mit älteren Herren im Vorstand vielfältig sein zu können, wird höchstwahrscheinlich scheitern.

Zum Beispiel: Gertrud Höhler

Warum Männer ohne Frauen Fehler machen, hieß im Jahr 2000 der Untertitel von Gertrud Höhlers Buch *Wölfin unter Wölfen*. Sie schrieb darin über ihre Erfahrungen als eine der ersten Frauen in hohen Positionen der Wirtschaft: unter anderem als Beraterin von Deutsche-Bank-Chef Alfred Herrhausen und als Board-Mitglied mehrerer Schweizer und britischer Konzerne. Höhler war sich darüber im Klaren, dass sie in diesen Positionen Exotin war, und hat das als Chance gesehen, um auch Unkonventionelles einzubringen und durchzusetzen.

Wie sehr die Zukunft in unseren Unternehmen weiblich sein wird, hat niemand besser und prägnanter ausgedrückt als ausgerechnet ein älterer Herr aus einem Konzernvorstand. Dieter Zetsche, bis 2019 Vorstandsvorsitzender der Daimler AG, sagte einmal in kleiner Runde: »Frauen sind das nächste China.«

Haben Sie das Potenzial, ganz nach oben zu kommen?

Ab wann kann man erkennen, ob jemand zum Manager taugt? Früher, als man denkt. Und früher, als Sie denken. Denn schon jetzt, wenn Sie diese Zeilen lesen, haben Sie alle Potenziale beisammen, die Sie dafür brauchen. Oder eben nicht.

Ich sehe vier Faktoren, die darüber entscheiden, ob jemand das Potenzial hat, ganz nach oben zu kommen: Intelligenz, Führungsfähigkeit, Interaktionsfähigkeit und Aufstiegswille. Die ersten beiden dieser Faktoren sind im Großen und Ganzen schon in der Grundschulzeit ausgeprägt. Die beiden anderen Faktoren entwickeln sich im Wesentlichen in der Pubertät und den Jahren danach. Mit 20, allerspätestens mit 25 Jahren steht fest, ob man das Zeug zur Topführungskraft hat.

	Kommt von innen	Wirkt nach außen
Wird geprägt bis zur Grundschule	Intelligenz	Führungsfähigkeit
Wird geprägt bis zum Studium	Erfolgswille	Interaktionsfähigkeit

Tabelle 2: Führungspotenziale – wann sie sich bilden, wie sie sich äußern

Schauen wir uns diese vier Faktoren der Reihe nach an:

Intelligenz

Für überdurchschnittliche Leistungen ist es wichtig, dass Sie ein bisschen mehr im Kopf haben als der Durchschnitt. Dass Sie schnell im Denken sind, dass Sie gut kombinieren. Der immer noch beste Indikator für Kombinationsgabe, Geistesgegenwart und Schnelligkeit im Denken ist der Intelligenzquotient (IQ). Psychologen können sich nächtelang darüber streiten, was der IQ eigentlich genau misst, wie viel davon durch die Gene oder die Umwelt bestimmt werden, ob es »natürliche« IQ-Unterschiede zwischen Geschlechtern, Religionen, Kulturen gibt, und viele Streitfragen mehr. Aber für die Prognose der Managertauglichkeit passt der IQ weiterhin sehr gut.

»Kein menschliches Merkmal bleibt über das ganze Leben so konstant wie der Intelligenzquotient«, sagt der Marburger Psychologieprofessor und Bildungsforscher Detlef Rost. Nur in seltenen Fällen kommt es zu Abweichungen von mehr als zehn Punkten zwischen den Testergebnissen als Grundschüler und als Erwachsener.

Diese Zeit des konstanten Intelligenzquotienten (IQ) beginnt dabei schon bei den ersten Messungen. Und das heißt: mit sechs Jahren.

Wenn die Schule startet, in der doch eigentlich erst der Ernst des Lebens beginnen soll, ist also einer der zentralen Faktoren für den Erfolg im Leben schon weitgehend festgelegt. Der IQ, der bei Erstklässlern in Tests gemessen wird, wird sich mit großer Wahrscheinlichkeit durch die ganze Schullaufbahn hindurch und während des gesamten weiteren Lebens nicht wesentlich ändern. Selbst intensive Programme zur Intelligenzförderung erreichen allenfalls eine Steigerung von etwa zehn Punkten, und auch die ist nicht nachhaltig, sondern fällt nach einigen Jahren wieder ab.

Wenn der IQ jedoch mehr als nur ein bisschen über dem Durchschnitt liegt, kann das wiederum für Toppositionen im Management eher hinderlich sein. Jenseits eines IQ von 130, also bei den obersten 2 Prozent der Intelligenzverteilung, wird es für Führungskräfte schwierig, eine gemeinsame Ebene mit ihren Mitarbeitern zu finden. Man kommt sich dann schon mal so vor wie General Strategus im Comic »Asterix und die Goten«, der an seinen Legionären verzweifelt: »Sie sind alle so doof! Und ich bin ihr Chef!«

Führungsfähigkeit

Niemand wird als Führungskraft geboren. Die Legenden, die sich oft um die Geburt oder die ersten Monate im Leben großer Persönlichkeiten ranken, sind in der Regel genau das: Legenden, Märchen, Erfindungen. Von Napoleon beispielsweise heißt es, er sei auf einem Teppich mit Schlachtenszenen aus Homers *Ilias* geboren worden. Seine Mutter soll allerdings später gesagt haben, im Geburtshaus im korsischen Ajaccio habe es keinen einzigen Teppich gegeben. Auch die (halb-)göttliche Abstammung antiker Superstars wie Herakles oder Helena ist ein Werk der Poesie, keines der Biologie.

Allerdings werden wesentliche Elemente der Führungsfähigkeit schon früh ausgebildet, nämlich im Vorschul- oder Grundschulalter. Zu ihnen gehören die Bereitschaft, selbst die Initiative zu übernehmen, das Zutrauen, selbst etwas gestalten zu können, der Ehrgeiz, zu den Besten zu gehören, und die Beharrlichkeit, ein gesetztes Ziel auch zu erreichen. Aber eben auch die Lust, auf andere Einfluss zu nehmen, sie zu motivieren und sie von etwas zu überzeugen.

So wird es schon bei Kindern sichtbar, ob sie ihre Gruppe führen oder geführt werden. Es gibt Menschen, die wollten schon immer in Führung gehen, die waren schon als Jugendliche sehr beharrlich, wollten immer zu den Anführern ihrer Gruppe gehören. Und es gibt Leute, die wollten schon als Kind nie Chef werden, weil sie es sich nicht zutrauten oder weil sie sich den Stress nicht antun wollten, oder weil sie einfach ihre Prioritäten anders setzen. Was sich schon in der Grundschule zeigt, bleibt danach bemerkenswert konstant.

In den vergangenen Jahrhunderten wurden solche Führungsqualitäten am ehesten bei Jungen gesehen und gefördert. Stellvertretend sei hier der Ökonom Joseph Schumpeter zitiert: »Die Männer, die die moderne Industrie geschaffen haben, waren ›ganze Kerle‹ und keine Jammergestalten.«

Bei Mädchen, die schon früh Ansätze zu Leadership zeigten, haben Eltern oder Lehrer oft gegen diese Fähigkeiten gearbeitet, weil sie nicht zum damals vorherrschenden Frauenbild passten. Wagemutiges Verhalten wurde bei Mädchen zugunsten des vorsichtigen, behutsamen Vorgehens unterdrückt. Auch meine Kindheit war durch Regeln und starke Rücksichtnahme auf Familienmitglieder gekennzeichnet. Meine Durchsetzungsfähigkeit habe ich mir deshalb erst später hart erarbeiten müssen.

Diese Geschlechterdifferenzen in der Erziehung haben sich in jüngster Zeit reduziert. Nicht immer und nicht überall, aber immer häufiger erhalten Kinder unabhängig von ihrem Geschlecht die Möglichkeit, ihre sich entwickelnden Potenziale auch entfalten zu können.

Interaktionsfähigkeit

Topleute müssen einen »People-Faktor« haben. Sie müssen andere mitnehmen und motivieren können. Das wird oft als Charisma bezeichnet, beschreibt aber nicht exakt das Gleiche, was mit Interaktionsfähigkeit gemeint ist. Charisma ist eine Strahlkraft, mit der Menschen den Raum ausfüllen können, sobald sie ihn betreten. Das hat man, oder man hat es eben nicht. Der People-Faktor hingegen kann zwar ebenfalls natürlich sein – eine Art Führungsautorität –, aber man kann ihn auch erlernen. Er hat weniger mit der eigenen Ausstrahlung zu tun als vielmehr mit der Fähigkeit und der Freude daran, mit Menschen zu reden und ihnen zuhören zu können. Daniel Goleman nennt das »Emotionale Intelligenz«, und es gibt ganze Bibliotheken darüber, was das ist und wie man es lernt.

In einem solchen Lernprozess spielt Erfahrung eine wichtige Rolle. Je mehr und je vielfältiger Sie in Ihrer Schul- und Studienzeit kommuniziert haben, desto leichter wird es Ihnen auch fallen, als Führungskraft zu kommunizieren. Und auch jenseits der Karriere hilft es Ihnen, wenn Sie Menschen mögen und ein positives Menschenbild besitzen. Wer sich gerne mit Menschen auseinandersetzt, glaubt grundsätzlich an das Gute in ihnen und an die Weiterentwicklung von Menschen. Das macht das Leben als Führungskraft einfacher.

Wenn Sie das Kommunizieren allerdings in den ersten zwei Dutzend Jahren Ihres Lebens vernachlässigt haben sollten, wird es schwer, das noch aufzuholen. Denn meistens liegt dieser Kommunikationsrückstand nicht so sehr an Schüchternheit oder Hemmungen, auch wenn man gerne auf diese Erklärung zurückgreift. Die in vielen Fällen besser passende Erklärung wird hingegen weit seltener als Grund genannt: dass man sich für andere Menschen nicht wirklich interessiert oder Menschen an sich nicht besonders mag.

Das ist an sich noch kein Drama, und auch ohne größeres Interesse an anderen Menschen stehen einem viele Positionen offen. Ein Extremfall hierfür sind Autisten, die gerade aufgrund ihrer Krankheit für Berufe geeignet sind, die viel Konzentration und wenig Kommunikation brauchen, etwa in der Qualitätskontrolle von Software. Auch einem mehr an Technik als an Menschen interessierten »Nerd« stehen viele Karrieren offen, aber man sollte nicht unbedingt eine Laufbahn anstreben, bei der es darum geht, Menschen zu führen und zu motivieren.

Erfolgswille

Nicht jeder, der nach oben will, kommt auch nach oben. Aber um überhaupt eine Chance zu haben, an die Spitze zu gelangen, müssen Sie es auch wollen. Sie müssen Erfolg haben wollen, Chef beziehungsweise Chefin sein wollen, Leute führen wollen, Verantwortung übernehmen wollen. Führungsanspruch heißt, sich verantwortlich zu fühlen, und das gerne.

Motivation, Wollen, Drive, Erfolgswille – das sind Eigenschaften, die meist nicht in der Grundschulzeit festgelegt werden. Sie reifen später: oft in der Pubertät, wenn man herauszufinden versucht, wer man ist und wohin man will. Oft gibt hierfür auch ein prägendes Erlebnis den Ausschlag: ein Erfolg, der Ihnen Lust auf mehr macht, ein Misserfolg, den Sie nicht auf sich sitzen lassen, eine durchzechte Nacht, die Ihnen klarmacht, dass es so nicht weitergehen kann.

Zum Beispiel: Joseph Schumpeter

Kann man sich vornehmen, Karriere zu machen? Ja, warum nicht? Man kann sich alles vornehmen, und man kann daraus auch eine gewisse Kraft ziehen. Der österreichische Ökonom Joseph Schumpeter erzählte gerne, welche drei Ziele er sich als junger Mann gesetzt hatte: der beste Liebhaber Wiens, der beste Reiter Europas und der größte Ökonom der Welt zu werden. Wie gut er bei der Verwirklichung seiner ersten beiden Ziele war, kann ich nicht beurteilen, aber dass er zu den wichtigsten Ökonomen des 20. Jahrhunderts zählte, lässt sich kaum bestreiten.

Vier Faktoren, die über den Erfolg als Führungskraft entscheiden. Alle vier Faktoren sind schon sichtbar und ausgeprägt, bevor man auch nur den ersten Job begonnen hat. Wir könnten den Führungsnachwuchs unserer Gesellschaft schon mit, sagen wir, 24 Jahren identifizieren. Aber wir tun es nicht. Wir lassen die jungen Leute einfach weiterlaufen – soll doch das Schicksal entscheiden, wer sich durchsetzt.

Das scheint mir eine sehr sozialdarwinistische Vorgehensweise zu sein. Eine, die viel Potenzial vergeudet. In einer Gesellschaft, in der es von jungen Leuten nur so wimmelt, mag eine solche Einstellung vertretbar sein, aber eine solche Gesellschaft sind wir nicht mehr. Es wäre besser für uns alle, wenn wir mit den Potenzialen der jeweils nächsten Generation achtsamer und nachhaltiger umgehen würden.

Die weitere Entwicklung der Gesellschaft können Sie (genau wie ich) nur sehr begrenzt beeinflussen; aber umso stärker Ihre eigene Entwicklung. Die meisten von Ihnen dürften das Alter, in dem diese vier Faktoren geprägt werden, bereits hinter sich gelassen haben. Aber dann sind Sie mitten in dem Alter, in dem man aus den eigenen Prägungen das Beste machen kann. Denn dieses Alter hört nie auf.

Die Wahrscheinlichkeit ist äußerst gering, dass Sie bei allen vier Faktoren großartig abschneiden. Obwohl ich nun wirklich vielen Führungskräften und High Potentials begegne, treffe ich dabei nur selten auf eierlegende Wollmilchsäue. Es gibt also keinen Grund, sich zu grämen, wenn andere irgendwo besser sind als Sie. Andererseits ist die Wahrscheinlichkeit ebenfalls gering, dass Sie bei allen vier Faktoren grottenschlecht abschneiden. Sie haben Stärken, mit denen Sie arbeiten können, und Sie haben Potenziale, an denen Sie arbeiten können.

Um diese Potenziale auch voll entfalten zu können, braucht es viel Arbeit, Erfahrung und ein bisschen Glück. Denn selbst wenn viele Eigenschaften früh angelegt und stabil sind, ist deshalb die Persönlichkeit noch lange nicht fertig. Die psychologische Forschung geht heute davon aus, dass Persönlichkeitsentwicklung ein lebenslanger Prozess ist. Eigentlich ganz beruhigend, denn das gibt uns ebenso lebenslang die Möglichkeit zu Veränderung und Verbesserung.

3.
Die Bedeutung der eigenen Biografie kennen

Viele Personalchefs und -berater gehen mit der Überzeugung in Auswahlgespräche hinein, dass man aus den beruflichen Leistungen, Erfahrungen und Erfolgen der Kandidaten am besten auf deren Eignung schließen kann. Man könnte es bezeichnen als die Philosophie des »Kannst du was, bist du was«.

Ich sehe das nicht so. Um zu beurteilen, ob sich ein Manager für die vielschichtigen Führungsaufgaben der Zukunft eignet, reicht es nicht, zu wissen, wie er die Aufgaben der Vergangenheit bewältigt hat. Das Risiko von Fehlbesetzungen lässt sich reduzieren, wenn wir einen »Blick hinter die Kulissen« werfen, auf die Sozialisation einer Person: In was für eine Familie ist sie hineingeboren worden? Wie sieht ihr Umfeld aus? Was hat sie von der Familie mitbekommen? Ob jemand als Arbeiter-, Lehrer- oder Unternehmerkind aufgewachsen ist, betrachte ich dabei völlig wertfrei allein aus Interesse an der Biografie.

Wenn ich mich also im beruflichen Kontext mit der Biografie eines Menschen auseinandersetze, dann lege ich ihn nicht »auf die Couch« und will alles über seine Kindheit, schwierige Beziehungen zu seinen Eltern und etwaige Traumatisierungen erfahren. Ich will herausfinden, wie meine Kandidaten mit Herausforderungen umgehen werden, die sie heute noch nicht kennen. Und dafür gehe ich den Fragen auf den Grund, wie sie das geworden sind, was sie heute sind: was sie als Menschen ausmacht, was sie an Glaubenssätzen, an Tugenden, an Werten und an Orientierung für ihr späteres Leben und Arbeiten mitbekommen haben.

Auch nach Jahrzehnten sind diese Gespräche noch beeindruckend und erhellend für mich. Dabei bitte ich mein Gegenüber meist: Erzählen Sie mal, wie Sie wurden, was Sie heute sind. Den meisten muss man zunächst die Scheu nehmen, über ihre Familie zu sprechen. Aber wenn sie dann doch ins Erzählen kommen, höre ich hoch spannende Geschichten, die den Menschen hinter dem Lebenslauf tatsächlich lebendig werden lassen.

So erzählen sie dann zum Beispiel mit nicht nachvollziehbarer Scham von dem Vater, der Milchmann war, und merken dann im Erzählen selbst, welch soziales »Upgrade« sie aus eigener Kraft bewerkstelligt haben. Andere erzählen voller Anerkennung und Dankbarkeit von ihren Eltern und deren Gemischtwarenladen, in dem sie als Kind schon mitgeholfen haben. Oder von anstrengenden, aufreibenden, an physische und psychische Grenzen gehenden Jobs der Eltern, ob im Kohlewerk, im Krankenhaus oder im Vertrieb elektronischer Geräte – immer im Bestreben, ihren Kindern sehr viel mehr zu ermöglichen, und mit dem Anspruch, diese mögen es einmal einfacher und besser haben. Was man als Kind an Werten und Tugenden mitbekommt, vergisst man sein Leben lang nicht mehr.

Auch Schicksalsschläge hinterlassen tiefe Prägungen, die viel mit der heutigen Persönlichkeit zu tun haben. Wenn Vater oder Mutter sehr früh verstorben sind, führt das oft dazu, dass man als Kind schon in sehr jungen Jahren sehr viel Verantwortung übernehmen musste. Natürlich ist das ein traumatisches Ereignis, aber es hat einen Entwicklungsschub verursacht, der den Betroffenen Fähigkeiten verliehen hat, die sie sonst vermutlich nicht oder nicht so früh ausgebildet hätten.

Um einen Menschen näher kennen zu lernen und seine Eignung für eine bestimmte Position besser beurteilen zu können, geht es also nicht darum, was die Eltern oder Großeltern konkret geleistet haben oder wie erfolgreich und angesehen sie waren. Es geht darum, was das mit der Person gemacht und wie es sie geprägt hat. Dieser Sozialisationsaspekt ist – neben der Persönlichkeit und den passenden Rahmenbedingungen – für die Karriere ganz entscheidend. Denn ob eine Person jenseits der fachlichen Expertise und Soft Skills auch das richtige Mindset für eine bestimmte Aufgabe mitbringt, liegt oftmals in ihrer Sozialisation begründet. Es lohnt sich daher für beide Seiten – sowohl für das suchende Unternehmen als auch für die Person selbst –, einen tieferen Blick in die jeweilige Biografie zu werfen. Eine spannende Aufgabe, und für mich wie geschaffen. Menschen kennen und verstehen zu lernen, wird für mich auch nach vielen Jahren der Interviews einfach nicht langweilig!

Schätze und Ballast aus der Herkunftsfamilie

Man kann sich seine Familie nicht aussuchen. Sie können Ihren Wohnort, Ihren Beruf, Ihre Staatsbürgerschaft wechseln, Ihren Partner und meinetwegen auch Ihr Geschlecht, aber weder Ihre leiblichen Eltern noch Ihre Kinder. Und auch nicht die Großeltern, Onkel und Tanten, Nichten und Neffen, Cousins und Cousinen, die daran hängen. Sie können es nicht ändern und wie bei allem, was man nicht ändern kann, gibt es einen einfachen Ratschlag: Akzeptieren Sie es. Und machen Sie das Beste draus.

Man darf sich immer für seine Familie entschuldigen, bei anderen und vor sich selbst, wenn man das Gefühl hat, dass die eigene soziale Herkunft ein beruflicher Chancenverhinderer ist. Aber es hilft Ihnen nicht weiter, wenn Sie Ihr Leben lang alles, was schiefgeht, auf Ihre Herkunft schieben. Sie müssen rauskommen aus der Opferrolle. Selbst wenn alles ganz, ganz schlecht war: Sie können es besser machen. Aber dafür müssen Sie an sich arbeiten, und zwar egal, woher Sie kommen.

Na klar, es gibt immer Menschen, die eine bessere Herkunft als Sie haben. Ivanka Trump ist in einen Milliardärshaushalt hineingeboren worden, Ernst Ulrich von Weizsäcker in die wohl intellektuell einflussreichste Familie Deutschlands. Aber hätten Sie wirklich tauschen wollen?

Kinder aus sehr privilegierten Haushalten haben ihr ganz besonderes Päckchen zu tragen. Es ist eben nicht immer so, dass es mit der Karriere automatisch läuft, wenn man aus einem solchen Haushalt kommt.

Die Bürde des berühmten Vaters

Der Vater meines früheren Mitschülers Konstantin G. ist einer der bekanntesten Mediziner in seinem Fachbereich. Der Sohn schlägt die gleiche Laufbahn ein. Was für eine Bürde! Allein der Name, den er da mit sich schleppt ... Hätte er nicht wenigstens eine andere Fachrichtung in der Medizin wählen können? Nach vielen Jahren sagte mir Konstantin: »Du hast mich immer gefragt, warum ich das gleiche Fachgebiet wie mein berühmter Vater wählte. Heute frage ich mich das selber.«

Natürlich hilft es für eine Managerkarriere, wenn man früh mit wichtigen, mächtigen Menschen zu tun hatte, die richtigen Umgangsformen und »interne Codes« früh lernt und es selbstverständlich ist, dass am Esstisch der Eltern immer wieder Menschen sitzen, die hohe Posten in Wirtschaft, Wissenschaft oder Politik haben und entsprechend viel Verantwortung tragen.

Eine solche Herkunft erleichtert den Zugang zu bestimmten »Communities« – auch zu den einflussreichen. Aber mehr auch nicht. Es ersetzt in keiner Weise Selbstvertrauen, Selbstsicherheit, Selbsterkenntnis oder die Orientierung, die einzelne Familienmitglieder oder ein ganzer Clan mitgeben können. Das Gefühl »Du bist gut«, »Du bist sicher«, »Du bist auf dem richtigen Weg, und es ist jemand an deiner Seite, der dich im Zweifel unterstützt« ist aus meiner Erfahrung Gold wert: Wenn ich Menschen um mich habe, die an mich glauben, die mich bestärken, dann stärkt mich das auch. Und das merken auch die anderen.

Ob Manager-, Lehrer-, Unternehmer- oder Arbeiterhaushalt: Ein »warmes«, wohlwollendes Zuhause mit Werten wie Verlässlichkeit, Fleiß, Respekt und, ja, auch Demut und Bescheidenheit ist oft mehr wert als ein Haushalt, und sei er noch so privilegiert, in dem Kälte, fast aseptische Distanz und vor allem Zeit- und Aufmerksamkeitsmangel für die Kinder herrschen. Die Kraft für Erfolg kommt deutlich mehr aus inneren Werten, als dass sie sich durch äußere Attribute nährt.

Und wie ist es mit dem anderen Extrem? Bei Menschen, die nicht aus einem privilegierten, sondern aus einem prekären Umfeld kommen? Das verringert tatsächlich erst einmal die Wahrscheinlichkeit, in der Unternehmenswelt bis weit nach oben zu kommen. Und das ist keineswegs darin begründet, dass sie zu dumm, zu faul oder zu ungeeignet wären. Überhaupt nicht. Sondern unser Gesellschafts- und Bildungssystem legt ihnen eine ganze Reihe von Steinen in den Weg. Meist unbewusst, sicher, aber das macht es auch nicht leichter, sie zu überwinden. Das geht von der Hauptschulempfehlung für Migrantenkinder bis zur Unsitte der unbezahlten Praktika für Studierende und Absolventen. Wer aus gutem Haus kommt, kann sich das problemlos leisten – ganz anders als jemand, bei dem zu Hause jeder Cent dreimal umgedreht werden muss.

Folglich gibt es zwei Gruppen von Menschen, die mir seltener in Interviews gegenübersitzen: Menschen mit Migrationshintergrund und Menschen aus prekären Familienverhältnissen. Aber diese schneiden in den Gesprächen im Durchschnitt besser ab als der Durchschnitt der Menschen aus der Mehrheitsgesellschaft. Dafür gibt es einen einfachen und einleuchtenden Grund: Sie mussten stark sein und einen Aufstiegswillen haben, um es überhaupt so weit zu schaffen, dass sie für eine Führungsposition infrage kommen. Gerade aus ihrer biografischen Situation haben sie sich den entsprechenden Drive geholt. Das habe ich bei Deutsch-Türken genauso erlebt wie bei Kandidaten aus Hartz-IV-Familien. Dieses vielleicht auch unbewusste Anarbeiten gegen einen Widerstand: »Du bist gut, du kannst das schaffen, aber du musst dich anstrengen, denn auf dich hat keiner gewartet. Du hast eine Menge Wettbewerber, und du musst besser sein als die anderen.«

Und wenn man dann noch in seiner Sozialisation erlebt, dass das tatsächlich geht, dann gibt das eine Wahnsinns-Power. Da gelingt es dann, psychologisch gesprochen, die Kernverletzung zur Kernkompetenz zu transformieren. Der ehemalige Bundeskanzler Gerhard Schröder oder der Rapper Eminem sind gute Beispiele dafür. Und wenn ich auch eher selten mit der Suche nach Politikern oder Musikern beauftragt werde, habe ich doch etliche Kandidaten erlebt, die in ähnlicher Weise ihre biografische Schwäche in eine berufliche Stärke verwandelt haben.

Wie eine Person über ihre Biografie spricht, jenseits der rein beruflichen Laufbahn, ist auch aus einem weiteren Grund höchst aufschlussreich: Es zeigt mir, wie selbstreflektiert sie ist, wie gut sie sich selbst kennt. Menschen, die dauerhaft oder über lange Zeit erfolgreich sind, haben meiner Erfahrung nach eine starke Selbstreflexion über ihre Biografie, ihre Herkunftsfamilie, ihren »Rucksack« an Tugenden und Fähigkeiten.

Und natürlich ist diese Selbstreflexion nicht nur für eine Headhunterin wichtig, sondern auch und vor allem für Sie selbst. Wenn man weiß, was man ist, dann weiß man auch, was man kann. Zu wissen, woher Sie kommen, warum Sie so und nicht anders agieren, was Sie bewusst oder unbewusst leitet, warum Sie sich da oder dort wohler fühlen und/oder mehr bewirken können, kann Ihnen entscheidende Hinweise geben – für Erfolg, Weiterentwicklung, Krisen und Scheitern. Sie bekommen so ein tieferes Verständnis für eigene Motive, für Erfolgsfaktoren; aber eben auch für negative »Trigger«, für wunde Punkte und biografische Verletzungen.

Die Kombination all dieser Faktoren ist entscheidend. Sie gibt es in eben dieser Form nur bei genau einer Person: bei Ihnen.

Ich will meine Kandidaten nicht therapieren. Und auch Sie nicht. Beim Blick in die Biografie geht es mir darum, Erfolgsfaktoren für die Zukunft zu finden. Darum sollte es auch Ihnen gehen. Schauen Sie nicht zurück, um andere für Ihre bisherigen Misserfolge verantwortlich zu machen. Schauen Sie zurück, um selbst die Verantwortung für Ihre zukünftigen Erfolge zu übernehmen.

Wie Herkunft die Zukunft prägt

Herkunft prägt Menschen. Menschen prägen Unternehmen. Unternehmen prägen Zukunft. Also gilt, streng logisch gesehen: Herkunft prägt Zukunft.

Menschen verhalten sich nicht immer streng logisch. Und auch sonst geht es im Leben bekanntlich oft holpriger zu, als diese Satzkette vermuten lässt. Man kann also nicht so einfach behaupten: Sage mir, woher du kommst, und ich sage dir, wohin du gehst. Aber Zusammenhänge zwischen Herkunft und Zukunft gibt es zweifellos. Ich spüre ihnen jeweils ganz am Anfang meiner Interviews nach. Denn dort steht immer die Frage nach der Motivation für den Wechsel. Warum wollen Sie sich verändern? Ich muss das nachvollziehen und verstehen können.

Manchmal versteht man das direkt aus dem Lebenslauf. Da ist eine Einheit weggebrochen, oder der Bereich ist konzernweit auf dem Abstellgleis gelandet, oder der Partner hat den Wohnort gewechselt. Und wenn es nicht so einfach nachvollziehbar ist, dann frage ich eben nach. Und die meisten meiner Kandidaten sind sehr ehrlich bei der Antwort auf diese Frage, weil ich in der Regel sehr schnell durch Googeln oder Telefonieren herausfinden könnte, ob mir da jemand einen Bären aufbindet. Das muss ich weder sagen noch machen, es reicht, dass mein Gegenüber weiß, dass ich das könnte.

Gerade weil ich jeden Einzelfall wichtig nehme, kann ich Ihnen keine Statistik oder gar Prozentzahl dazu präsentieren, wie sehr die Herkunft auch die Zukunft prägt. Es würde übrigens auch Ihnen wenig helfen, wenn Sie wüssten, dass die Biografie im Durchschnitt zu 23,7 Prozent zur Entscheidung über den nächsten Job beiträgt, denn es geht Ihnen ja nicht um den Durchschnitt, sondern um Sie persönlich. So wie es auch mir nie darum geht, einen durchschnittlichen Kandidaten zu finden, sondern die jeweils für eine bestimmte Position und Situation am besten passende Person.

Deshalb möchte ich Ihnen ein wenig von Dresden erzählen. Nicht weil es meine Heimatstadt wäre (ich bin und bleibe Münchnerin), sondern weil ich dort häufig zu tun habe und weil sich an diesem Beispiel gut veranschaulichen lässt, wie und warum die Herkunft die Zukunft prägt. Einer meiner guten Kunden ist in Dresden ansässig. Es ist ein großartiges Unternehmen, mit spannenden Aufgaben und attraktiven Konditionen, aber für viele potenziell geeignete Kandidaten kommt es von vornherein nicht infrage, weil sie nicht nach Dresden oder nicht nach Sachsen oder nicht nach Ostdeutschland wollen. Und je nachdem, wie dieser Unwille formuliert wird, merke ich schon, ob ich das Thema einfach abhaken kann oder ob es Sinn hat, um diese Person zu kämpfen.

Auch wenn schon einige dieser Gespräche erfolgreich ausgegangen sind: Im Endeffekt haben besonders viele der Kandidaten, die ich meinem Dresdner Kunden präsentieren kann, eine ostdeutsche Herkunft. Das Unternehmen und seine weitere Entwicklung werden also derzeit überdurchschnittlich stark von Führungskräften geprägt, die in der DDR geboren wurden. Und in vielen Unternehmen in Ostdeutschland sieht das ähnlich aus: Selbst wenn ein Unternehmen sich hier diverser aufstellen möchte, würde ihm das nicht leichtfallen.

Natürlich schwingt dabei immer weniger direkte DDR-Erfahrung mit: Die, mit denen ich in der Regel zu tun habe, waren zur Zeit der Wende eher Kinder oder Jugendliche. Aber auch bei den jüngsten unter meinen Kandidaten sind die Brucherfahrungen dieser Wendezeit sehr präsent:

Zusammenbrucherfahrung: wie schnell und gründlich ein Staat, eine Wirtschaft, ein Unternehmen zerfallen kann.

Umbrucherfahrung: wie unsicher und gleichzeitig wie offen eine Situation ist, in der das Alte schon weg ist, aber das Neue noch nicht da.

Aufbrucherfahrung: wie viel möglich ist, wenn etwas völlig Neues beginnt.

Bei der damals jungen Generation, mit der ich heute meistens zu tun habe, stand eher der Aufbruch im Vordergrund. Sie haben also von der Wendezeit in der Regel profitiert, ihre Eltern und Großeltern jedoch nicht unbedingt. Ich höre Geschichten, in denen die Eltern durch die Wende alles verloren haben, genau wie Geschichten, in denen sie nach der Wende von null auf eine neue Existenz aufgebaut haben, oder auch beides nacheinander. In der eigenen Biografie haben sich also auch Brüche eingegraben, die man selbst gar nicht mehr bewusst miterlebt hat, die aber im Elternhaus ständig präsent waren.

Im Ergebnis stelle ich heute bei Menschen mit ostdeutscher Herkunft oft eine erstaunliche Mischung aus Demut, Respekt und Leistungswillen fest – den Drang, es gut zu machen, die Chance zu ergreifen. Viele sind bescheiden, was oft eine Folge daraus ist, dass man mitbekommt, wie sehr Kräfte, die weit größer sind als man selbst, die eigene Entwicklung prägen. Manche sind mir auch zu bescheiden, denn Wende hin oder her, als Führungskraft hat man selbst die Aufgabe, mit den eigenen Kräften eine Entwicklung zu prägen. Und ich spüre bei vielen Ostdeutschen einen sehr empfindlichen Kern. Sie wollen nicht immer auf ihr Ostdeutschsein angesprochen werden, sie sind keine Deutschen zweiter Klasse, sondern Deutsche, punktum. Sie sind stolz auf einiges, was originär ostdeutsch ist, und zwar zu Recht, und sie wollen sich nicht ständig für etwas rechtfertigen, für das sie nichts können, und das jemand, der es nicht selbst mitgemacht hat, ohnehin nicht versteht. Diesen empfindlichen Kern rühre ich nicht an. Da sollte ich als Westdeutsche nicht vorpreschen, auch wenn ich selbst gerade erst 17 war, als die Mauer fiel.

Wenn Unternehmen in, sagen wir, Sachsen oder Thüringen besonders häufig Führungskräfte anziehen, die eine ostdeutsche Herkunft haben, und wenn die ostdeutsche Herkunft bis in die heutige Zeit stark von der Zusammenbruchs-, Umbruchs- und Aufbruchserfahrung der Zeit der Wende geprägt wird, und wenn die Herkunft in relevantem Umfang auch die Zukunft beeinflusst, dann kann es gut passieren, dass sich ostdeutsche Unternehmen und Unternehmensstandorte anders entwickeln als westdeutsche. Ob besser oder schlechter, liegt zum einen sicherlich im Auge des Betrachters und kann derzeit auch gar nicht abschließend beurteilt werden: Prägende Erfahrungen einer Generation haben eine sehr lange Laufzeit, oft sogar über die Lebenszeit der betreffenden Personen hinaus.

Ein historisches Beispiel hierfür sind »The Martians«, die Marsmenschen. So nannten die Amerikaner Mitte des 20. Jahrhunderts die ungarischen Mathematiker und Naturwissenschaftler, die ganze Forschungsgebiete auf den Weg brachten und die Atom- und die Wasserstoffbombe fast im Alleingang erfanden. John von Neumann, Miterfinder der Informatik, Paul Erdős, einer der bedeutendsten Zahlentheoretiker unserer Zeit, Leó Szilárd, Mitinitiator des ersten Atomreaktors der Welt, und Edward Teller, Vater der Wasserstoffbombe, sind nur die bekanntesten aus jener Schar von Wissenschaftlern, die zur etwa gleichen Zeit aus dem gleichen Staat am anderen Ende der Welt in die USA emigrierten. Aber es waren eben keine Außerirdischen, die da ankamen, sondern lauter Leute mit einem sehr ähnlichen biografischen Hintergrund: junge, naturwissenschaftlich hoch begabte ungarische Juden, deren Bildungs- und Berufschancen im Ungarn der 1920er Jahre durch Gesetze beschnitten wurden, die speziell Juden benachteiligten. Sie kamen genau im richtigen Moment im Land der damals noch unbegrenzten Möglichkeiten an, um im und nach dem Zweiten Weltkrieg ihr Potenzial zu entfalten. Dass es im damaligen Ungarn überhaupt so viele junge jüdische Wissenschaftler gab, liegt wiederum an einer Bildungsreform Ende der 1860er Jahre, die es Juden nicht nur ermöglichte, zu studieren, sondern auch die dazu passenden Berufe auszuüben. Die technische Überlegenheit der USA in der zweiten Hälfte des 20. Jahrhunderts geht also zumindest teilweise auf ein fast hundert Jahre zuvor auf der anderen Seite des Atlantiks erlassenes Gesetz zurück.

Für einen Einzelnen – für mich, für Sie – sind sicherlich etwas kürzere Zeitspannen von größerer Bedeutung. Jede Entscheidung für oder gegen ein Studium, einen Beruf oder einen Auftrag prägt uns, zeichnet uns aber nicht für ein ganzes Leben. Da geht es eher um eine Prägung für eine einzelne Lebensphase. Den Beraterjob, in dem ich mit Ende 20 steckte, würde ich heute nicht mehr machen wollen, aber damals fühlte er sich gut an. Und ob ich das, was ich heute mache, auch in zehn Jahren noch machen werde, kann ich nicht garantieren.

Bei einer bestimmten Karrierestation spielt nach meinen Erfahrungen die Herkunft eine besonders große Rolle: bei der letzten. Führungskräfte jenseits der 50 suchen oft so etwas wie eine Endstation. Die Kinder sind aus dem Haus, der Aufstieg ist entweder schon beendet oder ein Ende ist absehbar. Da liegt es nahe, sich eine berufliche Heimat zu suchen, die einem auch persönlich nahesteht. Und diese Heimat muss nicht, kann aber auch die biografische Heimat sein. Gerade bei Topführungskräften, die von der Karriere oft durch die ganze Welt gespült wurden, spielt der Gedanke einer Rückkehr eine wichtige Rolle. Der Ort der Herkunft ist längst nicht immer positiv besetzt. Es gab ja in der Regel gute Gründe, warum man dort wegging. Aber er bleibt im Kopf.

Ein Manager erzählte mir einmal, dass er schon in einem relativ frühen Stadium seiner Karriere ein Angebot erhalten hatte, das ihn zurück in die Heimatregion gebracht hätte. Er lehnte das Angebot nach langem Schwanken ab; den Ausschlag dafür hatte eine Frage seiner Frau gegeben: »Bist du damals dort weggegangen, um als Abteilungsleiter zurückzukommen?« Nein, das eben gerade nicht. Er hatte oft von einer Rückkehr geträumt, aber in diesen Träumen wohnte er stets im Villenviertel seiner Heimatstadt, das in seiner Kindheit den Gipfel an Luxus und Unerreichbarkeit darstellte.

Ich weiß von einem ähnlichen Fall zu berichten:

Wenn der Geist im Schwarzwald kurt

Mütterlicherseits habe ich Hotelierwesen im Blut. Sowohl meine Großmutter als auch meine Urgroßmutter führten ein Kurhotel in St. Blasien im Schwarzwald. Zur Zeit meiner Geburt gab meine

Großmutter das Hotel auf. Ihr Mann war gestorben, sie wollte in der Nähe meiner Mutter in München sein, und bei mir, ihrer Enkelin. Ich kenne das damalige Kurhotel nur von Postkarten. Aber, komisch, wenn ich davon träume, alle meine Interessen an einem Ort zu vereinen, sehe ich mich nicht in einem Office in München, sondern in einer Art Retreat Location, die ähnlich aussieht und so ähnlich funktioniert wie dieses alte Kurhotel. Nein, ich würde es nicht Kurhotel nennen, und nein, ich würde damit nicht in den Schwarzwald ziehen, aber trotzdem. Es sind Wurzeln, die sich da Bahn brechen.

4.
Die großen Weichenstellungen

Wenn Invasionen beginnen, Kraftwerke explodieren, Mauern fallen oder Flugzeuge in Hochhäuser fliegen, merkt die ganze Welt, dass sich etwas Entscheidendes verändern wird. Wenn Sie einen Arbeits- oder Kaufvertrag unterschreiben, sich verlieben oder trennen, bei Unfall, Krankheit oder Abitur, merken es vor allem Sie selbst: Ihr Leben wird sich ändern, und das drastisch. Und in den meisten Fällen haben Sie selbst es in der Hand, dabei die Weichen richtig zu stellen.

Denn das ist der Unterschied zu den globalen Weichenstellungen. Die können Sie nämlich nicht beeinflussen. Die passieren, ganz egal ob Sie dabei gebannt auf den Fernseher starren, wie ich bei den Terroranschlägen des 11. September 2001, oder nichtsahnend in der Sauna sitzen, wie Angela Merkel während des Mauerfalls am 9. November 1989. Ganz anders ist es bei den großen Weichenstellungen in Ihrem Leben. In den meisten Fällen geht es dabei darum, wie Sie sich entscheiden. Und selbst bei jenen Weichenstellungen, die von außen ohne Ihr Zutun passieren, etwa einem Unfall oder einer Krankheit, geht es immer darum, wie Sie damit umgehen.

Manchmal bekommt man eine solche große Weichenstellung gar nicht so richtig mit. Beispielsweise wenn man sich für ein Praktikum bewirbt und in just diesem Praktikum den Sinn seines Berufslebens findet. Oder in dem man herausfindet, dass man in dieser Branche nicht arbeiten möchte. Manchmal ist es eben auch sehr hilfreich, zu wissen, was man nicht möchte.

Insgesamt gibt es drei Abschnitte, die Ihr Berufsleben prägen:

Berufseinstieg: der Abschnitt, in dem Sie sich eine Karriere aufbauen.

Berufszentrum: der Abschnitt, in dem Sie das Aufgebaute pflegen und ausbauen – wenn es sein muss, auch umbauen.

Berufsausstieg: in dem Sie, anstatt abzubauen, auch etwas anderes tun können oder Ihre Erfahrungen an die nächste Generation weitergeben.

Allerdings lassen sich Weichenstellungen selten exakt auf der Zeitschiene anordnen und planen. Im Folgenden habe ich sie deshalb inhaltlich geordnet: Was sind die Punkte im Leben, an denen sich häufig nicht nur das weitere Leben, sondern auch die weitere Karriere entscheidet? Ich habe sechs dieser Punkte identifiziert: Wahl der Ausbildung, Berufseinstieg, Wahl des Lebensmittelpunkts, Partnerwahl und Kinderwunsch behandle ich im Folgenden. Den sechsten Punkt, den Berufsausstieg, habe ich für den Schluss des Buches aufgehoben.

Die Wahl der Ausbildung

Die Wahl der Ausbildung oder des Studiengangs gilt als eine der wichtigsten Weichenstellungen für die Karriere. Und bei einigen Berufen ist das auch so: Nur wenn Sie Medizin studieren, können Sie Arzt werden. Aber für eine Karriere im Management wird die Wichtigkeit der Studienwahl überschätzt. Denn das Wichtigste, was Sie für diese Karriere brauchen, kann man in jedem Studium lernen: strukturieren, klar denken, Komplexität reduzieren, andere überzeugen. Und außerdem lernt man im Studium in der Regel neben dem konkreten Fachlichen und den abstrakten Fertigkeiten noch vieles andere. An der TU Berlin habe ich beispielsweise gelernt, mich selbst zu organisieren, denn etwas Chaotischeres als diese Uni damals kann man sich nicht vorstellen. Während dieser Chaos-Semester hatte ich von etwas Ordentlicherem geträumt, so etwas wie Tübingen oder Heidelberg. Klar, das wäre auch schön gewesen, aber ich wäre wohl mit wesentlich weniger Selbstdisziplin abgegangen.

Natürlich gibt es einige »übliche Verdächtige« unter den Studienfächern, die bei Managern besonders häufig auftauchen: Betriebswirte, Wirtschaftsingenieure, Juristen. Aber das liegt nicht unbedingt beziehungsweise nicht nur daran, dass Absolventen dieser Fachrichtungen bevorzugt eingestellt werden, sondern auch daran, dass diese Fächer besonders häufig von Menschen gewählt werden, die eine Karriere in der Privatwirtschaft anstreben. Wer ein Studium in Mathematik oder Philosophie anfängt, träumt nicht unbedingt davon, später mal BMW-Chef zu werden.

Apropos: Der aktuelle BMW-Chef Oliver Zipse hat Mathematik studiert und nach zwei Jahren abgebrochen. Erst danach schwenkte er auf Maschinenbau um, eine für Toppositionen bei BMW deutlich passendere Studienwahl. Auch in einigen Branchen, etwa der Pharmaindustrie oder IT, ist es sicher besser, ein inhaltlich passendes Fach studiert zu haben, um dort Karriere zu machen.

Meine eigene Studienwahl hatte jedenfalls nichts mit dem Schielen auf Karriere zu tun. Ich habe Psychologie studiert, weil ich mich für Menschen interessiere und weil ich die Zusammenhänge verstehen wollte: Warum sind Menschen so, wie sie sind? Meine ursprüngliche Intention war es, nach dem Examen Therapeutin zu werden. So weit, so normal für Psychologiestudentinnen. Und ebenfalls normal für diese Fachrichtung waren die Frotzeleien von außen: »Pass auf, dass du da nicht als Taxifahrerin endest.« Das mussten sich bestimmt auch diejenigen Studierenden anhören, die es später mit Psychologie ins Topmanagement brachten, wie Sigrun Nikutta, heute im Vorstand der Deutschen Bahn, oder Thomas Ebeling, früher Vorstand bei ProSiebenSat1. Geschadet hat es ihnen offenkundig nicht.

Wenn diese Entscheidung noch vor Ihnen liegt: Studieren Sie bitte das, was Sie studieren *wollen*. Was Sie interessiert, worauf Sie Lust haben, wovon Sie vermuten, dass es Ihnen Spaß macht. Ob es dann wirklich Spaß machen wird, ist eine ganz andere Frage. Bei mir hielt sich das in Grenzen. Zu viel Statistik und Naturwissenschaft, das war nicht das, was ich mir unter Psychologie vorgestellt hatte. Aber warum sollten Sie mit etwas anfangen, was Sie nicht wirklich interessiert, nur weil jemand da draußen meint, dass man damit gut Karriere machen kann? Erstens sind Sie beim Studienbeginn noch mindestens vier Jahre vom ersten Karriereschritt entfernt; da kann sich noch viel ändern. Und zweitens, wollen Sie wirklich eine Karriere machen, auf die Sie keine Lust haben?

Bei mir kam der Spaß eher über die Praktika ins Studium. Psychologiestudenten müssen relativ früh viele Praktika machen. Über eines dieser Praktika bin ich zum HR-Bereich bei Daimler gekommen und war dort mit Assessment-Centern, Recruiting und Personalauswahl befasst. Das hat mir hervorragend gefallen. So sehr, dass ich dann auch meine Diplomarbeit in diesem Bereich geschrieben habe. Es hätte auch in eine andere Richtung gehen können. In Richtung Trendforschung zum Beispiel, denn auch beim Trendbüro in Hamburg machte mir mein Praktikum großen Spaß. Und auch das ist ein Charakteristikum der meisten Studienzeiten: Es eröffnen sich verschiedene Optionen – zielgerichtet oder zufällig. Und je mehr Ihnen das zusagt, was Sie studieren, desto größer ist die Chance, dass Ihnen auch das zusagen wird, was sich aus diesen Optionen ergibt.

Der Berufseinstieg

Was Sie mit Ihrem Berufsleben anfangen wollen, sollten Sie in dessen erster Phase herausfinden und auf den Weg bringen. Erste *Phase* wohlgemerkt. Es geht da nicht unbedingt um den ersten Job. Wenn Sie mit Ihrem ersten Arbeitsvertrag eine Punktlandung hinlegen: Herzlichen Glückwunsch! Das gibt es nicht oft, aber das gibt es.

Wenn Sie hingegen mit dem ersten Job eine Niete gezogen haben sollten, richtet das in Ihrem Lebenslauf nicht viel Schaden an: Eine Orientierungsphase, in der es hin und wieder auch holpert, wird heute jedem zugestanden. Allerdings sollten Sie dann nicht länger als zwei Jahre mit Ihrer Niete verbracht haben; denn nach diesem Zeitraum sollten Sie spätestens bemerkt haben, dass Sie dort am falschen Platz sind.

Diese gesamte Einstiegsphase dauert etwa ein Jahrzehnt, von Anfang 20 bis Anfang 30. Praktika und Ferienjobs gehören genauso dazu wie ein Soziales Jahr oder ein Gap Year. In dieser Zeit sollten Sie zumindest zweierlei herausfinden:

- in welchem Bereich der Arbeitswelt Sie Ihre Perspektive sehen: ob in der Wirtschaft, in der Wissenschaft, in der Kunst, in der Verwaltung.
- zu welcher Art von Tätigkeit Sie sich hingezogen fühlen: mit Menschen reden, anderen helfen, etwas verkaufen, etwas organisieren, etwas gestalten, etwas riskieren, etwas Neues auf den Weg bringen.

Weder unsere Gesellschaft im Allgemeinen noch unser Bildungssystem im Speziellen helfen Ihnen dabei so richtig weiter – höchstens dahingehend, dass es Ihnen relativ viel Freiheit lässt, vieles selbst zu machen. Sie lernen binomische Formeln in der Schule und wissenschaftliches Arbeiten an der Uni, aber um Lebenshilfe und Berufsperspektive müssen Sie sich schon alleine kümmern.

In dem utopischen Roman *Das Jahr 2000*, erschienen 1888, erträumte sich der Autor Edward Bellamy ein Bildungs- und Ausbildungssystem, dessen wichtigste Aufgabe es ist, jedem einzelnen Jugendlichen zu erlauben, seine eigenen Fähigkeiten zu entdecken und zu erproben – welche auch immer sie sein mögen –, und dann auch noch den passenden Beruf dafür zu finden. Auch mehr als hundert Jahre später können wir von einem solchen System nur träumen. Die einzigen Institutionen, die sich heutzutage regelmäßig und intensiv um einen Berufseinstieg kümmern, sind Elite-Universitäten. Klar, je besser deren Absolventen ins Berufsleben starten, desto besser ist auch das Image und Ranking der Universität und desto größer die Anziehungskraft auf neue (zahlende) Studenten. Aber die Zahl derer, die von einem solchen Service profitieren, liegt eher im Promillebereich eines Absolventenjahrgangs.

Viele rutschen deshalb eher in ihr Berufsleben hinein: Sie schreiben so lange Bewerbungen, bis einer sie haben will, also fangen sie dann dort an. Die Frage, in welche Richtung man eigentlich gehen möchte, fällt erst mal unter den Tisch, kommt aber in aller Regel später noch einmal hoch. Besser wäre es, sie vorher zu stellen. Und wenn es Ihnen aus welchen Zwängen heraus auch immer bei der Suche nach dem ersten Job nicht möglich sein sollte, dann stellen Sie sich bitte im ersten Jahr dieses ersten Jobs die Frage, was für Sie am besten passen würde.

Sollten Sie dabei herausfinden, dass Sie sich eigentlich ganz woanders sehen als dort, wo Sie gerade arbeiten, stellt sich natürlich sofort eine weitere Frage: Wie kommen Sie von A wie »aktueller Job« nach B wie »Berufung«? So einfach die Frage ist, so schwer und vielfältig sind die Antwortmöglichkeiten darauf. Allerdings haben Sie dann immerhin zwei wichtige Schritte schon gemacht: Sie sind motiviert, sich zu verändern, und Sie wissen, wonach Sie suchen. Und je besser man weiß, was man sucht, desto größer ist die Chance, es auch zu finden.

Wie bereits ausgeführt, ist das Potenzial für die Herausbildung einer Führungspersönlichkeit mit hoher Wahrscheinlichkeit bereits sehr früh im Leben angelegt. Ob daraus aber auch tatsächlich eine Führungsposition wird, hängt sehr davon ab, was man selbst aus seinem Potenzial macht. Also: Wie macht eine potenzielle Führungskraft das Beste aus ihrem Berufseinstieg?

In vielen Fällen wird am Anfang eine Position bei Deutschlands größtem Arbeitgeber stehen: dem Mittelstand. Er ist eine sehr deutsche Spezialität: eine große Zahl von breit gestreuten, dynamischen und hoch spezialisierten Unternehmen. Sie sind global vernetzt und engagiert und dennoch relativ klein, mit ein paar Hundert oder Tausend Beschäftigten. Als Neueinsteiger wird man dort wahr- und ernstgenommen und hat zudem für die ersten Karriereschritte gute Entwicklungschancen.

Wenn der Berufseinstieg etwas Besonderes sein soll, gibt es darüber hinaus zwei traditionelle Wege: Konzern und Consultant; und einen trendigen Trampelpfad: Start-up. Schauen wir uns die drei der Reihe nach an.

Konzern

Deutschland ist geradezu ein Stammland für eine enge Verbindung von Konzern und Karriere. Wenn schon der Opa und der Papa beim Daimler geschafft hatten, machten das auch die Kinder, und wenn die etwas auf dem Kasten hatten, blieben sie keine Facharbeiter, sondern machten Karriere. Und »einmal Siemens, immer Siemens« gilt noch immer für viele Tausend Lebensläufe. Sie fangen als Trainee an, werden Vorstandsassistentin, wechseln beim weiteren Aufstieg mehrfach zwischen Stab und Linie, Inland und Ausland, und bei jeder neuen Position ist es beiden Seiten bewusst, dass sie sowohl dem Konzern als auch Ihnen Nutzen bringen soll. Was mal besser und mal schlechter funktioniert.

Natürlich gibt es immer noch solche Einstiegsmöglichkeiten bei Konzernen, und der Weg des Trainees kann auch immer noch bis in den Vorstand führen. Aber es kommt heute deutlich seltener vor als in der Blütezeit der Deutschland AG Ende des 20. Jahrhunderts. Das liegt zum einen daran, dass die Bindungskraft der Konzerne stark abgenommen hat. Es sind nicht mehr die majestätischen Pyramiden, in denen jeder seinen Platz finden und sich einfach orientieren kann. Es sind beweglichere, sich ständig verändernde Gebilde geworden, in denen hier etwas umstrukturiert, da etwas zugekauft, dort etwas abgestoßen wird. Diese Beweglichkeit mag sowohl dem langfristigen und nachhaltigen Überleben des Konzerns als auch der kurzfristigen Steigerung des Shareholder Value dienen, oder mal so und dann wieder andersherum. Der Planbarkeit und Berechenbarkeit Ihrer Karriere dient es jedenfalls nicht.

Zur sinkenden Bedeutung des Konzernkarriereeinstiegs trägt zum anderen der Trend zur Diversität bei. Und dabei geht es nicht in erster Linie um People of Color oder neue Geschlechteridentitäten, sondern schlicht um eine Öffnung nach außen. Es gibt Unternehmen, die explizit als Problem identifiziert haben, dass sie zu wenig Fluktuation haben und nur im eigenen Saft schmoren. Und noch prägnanter wird dieses Thema, wenn man nicht die Unternehmens-, sondern die Branchenebene betrachtet: In Deutschland besetzen wir viel zu viel innerhalb einer Branche: einmal Auto, immer Auto, einmal Pharma, immer Pharma. Im Rest der Welt, und ganz besonders in deren angelsächsisch geprägtem Teil, finden deutlich häufiger Crossover-Besetzungen statt. In einer Situation, in der insbesondere durch die Digitalisierung traditionelle Branchengrenzen aufgeweicht oder gleich ganz weggespült werden, ist es natürlich höchst ratsam, wenn auch deutsche Konzerne sich etwas lockerer machen. Aber dadurch wird eben noch schwerer kalkulierbar, was der Berufseinstieg beim Konzern für Sie bedeuten kann.

Wo das Risiko steigt, eröffnen sich im Gegenzug auch neue Chancen. Wenn Konzerne sich schneller verändern, fließender und durchlässiger werden, bieten sich dort mehr Möglichkeiten für diejenigen, die bereit sind, sich auf eine Veränderung einzulassen. Das dürfte eher auf Neueinsteiger wie Sie zutreffen als auf altgediente Konzernbeamte. Gerade als Führungspersönlichkeit gibt es für Sie keinen Grund, den Vorteilen nachzutrauern, die sich für meine Generation mit Großunternehmen verbanden – und umso mehr Grund, die Vorteile zu nutzen, die Großunternehmen einer neuen Generation bieten.

Consultant

Für Überflieger ohne festgelegte Karrierevorstellung sind seit vielen Jahrzehnten die großen Unternehmensberatungen oder Wirtschaftsprüfer ein klassischer Einstieg in die Arbeitswelt. Ob McKinsey oder Roland Berger, PwC oder KPMG: Sie bemühen sich intensiv um die besten Absolventen der einschlägigen Studiengänge, sie bieten praktisch von Beginn an abwechslungsreiche Tätigkeiten, sie fordern und fördern ihre High Potentials, damit genau diese Potenziale sich auch optimal entfalten können.

Und als High Potential können Sie ganz in dieser Herausforderung aufgehen und dort Ihre Berufung finden: Einstieg, Consultant, Teamleitung, Weiterbildung zum Wirtschaftsprüfer, Examen, Senior Manager, Partner, und ausgesorgt. Sie können aber auch genauso gut Ihre Fühler schon frühzeitig anderweitig ausstrecken.

Schließlich kommen Sie schon früh mit Kunden in Kontakt, bei denen es sich häufig um namhafte Unternehmen aus aller Welt und allen Branchen handelt. Wenn Sie in dem jeweiligen Projekt, an dem Sie als Consultant arbeiten, dem Kunden durch herausragende Leistung auffallen, liegt es nahe, dass man versuchen wird, Sie abzuwerben. Oder Sie schauen sich um, was der Markt sonst noch so bietet: Eine Topberatung im Lebenslauf ist ein sicheres Ticket für die Karriere.

Sie müssen sich nicht einmal Sorgen machen, dass Ihr ursprünglicher Arbeitgeber deshalb auf Sie sauer wäre. Ganz im Gegenteil, es gehört geradezu zum Geschäftsmodell der Consultants, dass ein Teil der Truppe auf die andere Seite wechselt: Wer seine Karriere bei Roland Berger begonnen hat, wird sowohl bei der Vergabe von Beratungsaufträgen als auch bei der Besetzung von Toppositionen eher zu Berger als zu McKinsey neigen, und natürlich umgekehrt. 1990 hatte die damalige Deutsche Bundespost erstmals einen Ex-McKinsey-Mann als Chef geholt – und heute ist der ganze Post-Vorstand voll mit Ex-McKinsey-Leuten.

»Wir wissen, dass wir die besten 10 Prozent unserer High Potentials nicht halten können«, sagte mir einmal eine PwC-Personalmanagerin. Wer die Welt erobern möchte, sei nun mal bei einer Wirtschaftsprüfung an der falschen Adresse. Mit den zweitbesten 10 Prozent als nächste Führungsgeneration sei sie voll und ganz zufrieden. Und wenn die Highflyer auf ihren weiteren Stationen PwC in guter Erinnerung behalten, reiche das völlig aus.

Unternehmensberatungen haben immer noch gut zu tun, keine Frage. Durch die zunehmende Komplexität der Wirtschaft steigt tendenziell auch der Beratungsbedarf der Unternehmen, und damit bleibt auch das Modell des Karriereeinstiegs über Consultants weiter intakt. Allerdings ist es zuletzt recht unübersichtlich geworden: Das Geschäft wandert immer mehr in Richtung kleinerer, spezialisierter Beratungen, etwa für IT, Organisation, Innovation oder Branding. Damit müssen auch Sie als Highflyer sich schon für den Berufseinstieg über Ihre Spezialisierung Gedanken machen.

Start-up

In den heute jungen Generationen gehört es schon fast zum guten Ton, mindestens ein Start-up mitgegründet oder dort angeheuert zu haben. Während die »Generation Praktikum« davor noch manchmal verzweifelnd darauf wartete, irgendwie irgendwo irgendwann in bereits bestehende Unternehmen hineinschlüpfen zu können, hat sich die »Generation Start-up« eher darauf verlegt, etwas von Grund auf neu aufzubauen.

Oder vielleicht auch nur so zu tun als ob. Gerade wenn es hip ist, sein eigenes Start-up zu haben, kann man sich das auch als Medaille anheften, ohne wirklich etwas dafür zu tun. Für Ihre eigene UG (Unternehmergesellschaft) brauchen Sie nur 1 Euro Grundkapital und etwa 400 Euro für Gründungskosten wie Notargebühren und Handelsregistereintrag. In anderen Szenen zu anderen Zeiten war es wichtig, dass man seinen eigenen Coach hatte oder einen Personal Trainer. Heute sind es eben Start-ups.

Im Lebenslauf kann ich den Unterschied zwischen einem solchen Pseudo-Start-up und einem echten Schweiß-und-Tränen-Start-up kaum erkennen: Die Namen der Firmen kennt man in den meisten Fällen nicht und ob der Laden fliegt, dümpelt oder gegen die Wand gefahren wurde, sagt wenig darüber aus, was Ihre persönliche Rolle dabei war. Und auf die kommt es mir ja an, wenn ich Ihnen im Interview gegenübersitze: Ich will nicht in Ihre Firma investieren. Ich habe einen Kunden, den ich dabei beraten soll, ob er in Sie investieren soll.

Also werde ich sehr intensiv nach Ihrem Start-up fragen. Es interessiert mich, was Sie dort gemacht haben. Waren Sie eher Driver oder Mitfahrer? Haben Sie eher das Produkt entwickelt oder versucht, es zu verkaufen? Wie sind Sie mit den Hürden umgegangen, die sich Ihnen in den Weg stellten? Und Sie brauchen gar nicht erst versuchen, mir zu verkaufen, dass da alles ganz super und easy und smooth war, denn sonst säßen Sie mir jetzt wohl kaum gegenüber.

Auch bei meinen Kunden aus der traditionellen Konzernwelt müssen Sie neben echtem Interesse mit genauso echtem Misstrauen rechnen: Wenn Sie aus den flachen Hierarchien der Start-up-Welt kommen, können Sie sich überhaupt vorstellen, wieder drei Hierarchiestufen über sich zu haben? Viele CEOs sagen ja gerne, dass sie Unternehmer im Unternehmen haben wollen. Aber manche Unternehmereigenschaften passen nun mal nicht so recht zu den Anforderungen, die an Manager gestellt werden.

Das soll nicht heißen, dass Sie auf den Berufseinstieg bei einem Start-up verzichten sollten, nur weil Ihnen das den Weg in die Konzernkarriere verbauen könnte. Wenn Sie von den Leuten und den Produkten dort überzeugt sind: Machen Sie's einfach! Sie werden viel Freiraum haben, und Sie werden viel über Ihre Potenziale und auch Ihre Grenzen erfahren. Wenn das Start-up läuft, können Sie entweder mit dem Unternehmen wachsen oder mit guten Karten wechseln. Und wenn es scheitert, haben Sie nicht nur etwas gelernt, sondern auch etwas zu erzählen.

Mit dieser Erzählung werden Sie wie gesagt auch im Konzern in der Regel auf echtes Interesse stoßen. Aber gedanklich werden Sie damit vermutlich eher in jenen Teilen des Unternehmens verortet, wo die Vorstände am ehesten Start-up-Affinität vermuten – also Bereiche mit Innovation oder Technologie.

Bei den großen Konzernen gibt es zudem häufig die sogenannten »Labs«. Das sind keine Labore mit Reagenzgläsern und Petrischalen, sondern ökonomische Experimentierfelder. Da kommen Konzernleute mit Freelancern zusammen, da wird innoviert und neu erfunden, mit anderen Arbeitsformen und -zeiten als sonst im Konzern üblich. Das ist Diversität und Modernität pur; und es geht ganz oft schief. Gerade weil solche Lab-Strukturen weit von der traditionellen Konzernstruktur entfernt sind, kommen ihre Innovationen im Konzern nicht durch. Für mich als Headhunterin wiederum kann es eine spannende Information sein, dass Sie zwei Jahre etwas in einem Konzern-Lab aufgebaut haben: Die Erfahrungen, die Sie dabei gemacht haben, können genau zu einem Profil passen, das sich einer meiner Kunden gerade wünscht.

Es gibt also Bewegungen und Austausch zwischen Konzern und Start-up. Das System ist durchlässiger geworden, und auch für Sie bedeutet der Berufseinstieg bei einem kleinen Start-up nicht, dass der Weg in den großen Konzern versperrt wäre: Man kommt von der einen in die andere Welt und zurück. Aber gerade in Deutschland sind es immer noch zwei verschiedene Welten. Vielleicht entsteht ja eines Tages auch eine neue Wunderwelt der Wirtschaft, in der sich die Qualitäten der Start-ups und der Konzerne in einer neuen Organisation oder einer Un-Organisation vereinen. Aber noch ist es definitiv nicht so weit.

Der Lebensmittelpunkt

Zum Klischeebild der Topmanager gehört, dass sie ständig unterwegs sind. Im Dienstwagen mit eigenem Chauffeur, im Flugzeug in der First oder mindestens Business Class, und natürlich mit der Lufthansa Senator Card für 100 000 Statusmeilen im Jahr. Wo immer das Unternehmen sie braucht, sind sie zur Stelle, auch wenn man manchmal morgens gar nicht mehr weiß, in welcher Stadt man aufwacht.

Ganz so war es schon vor der Corona-Pandemie nicht mehr: Den CEOs musste im Frühjahr 2020 niemand erklären, wie eine Videokonferenz funktioniert, das gehörte gerade bei multinationalen Konzernen längst zum Alltag. Aber keine Veranstaltungen, keine Reisen, auf sich selbst und das private Umfeld zurückgeworfen zu sein, den Lebensmittelpunkt tatsächlich an einem physischen Ort zu haben, das war eine völlig neue Erfahrung. Management was coming home.

Aber da wird es nicht bleiben. Je höher die Ebene, desto weniger funktioniert das Homeoffice. Operative Entscheidungen kann man auf viele Arten und an vielen Orten treffen. Für strategische Entscheidungen empfiehlt es sich weiterhin, mit echten Personen an echten Orten zusammenzukommen.

Zu der Planung, Topmanager zu werden, gehört, dass man sich darauf einlässt, räumlich flexibel zu sein. Einer der meist empfohlenen Schritte dafür ist ein längerer beruflicher Auslandsaufenthalt. Und natürlich ist eine solche Auslandsstation interessant. Nicht nur, weil Sie das in Ihren Lebenslauf schreiben können, sondern weil Sie dabei in eine komplett neue Welt, eine andere Kultur eintauchen können. Diese Adaptabilität, diese Flexibilität, die Sie dabei fast zwangsläufig erwerben, können Sie als Führungskraft überall brauchen.

Es spricht alles dafür, einen beruflichen Schritt ins Ausland zu machen, wenn Sie dort etwas erreichen wollen, wenn Sie sich ein Ziel für Ihren Auslandseinsatz setzen. Aber wenn Sie das nur machen wollen, um den nächsten Karrieresprung vorzubereiten, würde ich eher abraten. Es sei denn, in Ihrem Unternehmen ist genau dieser Schritt vorgeschrieben, um bis in die Vorstandsebene zu kommen.

Ein massiver Haken bei Auslandseinsätzen liegt nämlich darin, dass die Stelle, die Sie vorher hatten, nicht unbedingt auf Sie wartet. Und auch die Stelle, die Sie nachher gerne hätten, ist nicht unbedingt gerade frei, wenn Sie zurückkommen. Sogar bei Unternehmen, die spezielle Expat-Programme haben, kann es oft passieren, dass das Programm auch mal nicht funktioniert – selbst wenn das bei der Aussendung eigentlich so geplant war.

Für mich ist das gut: Solche Heimkehrer haben ja im Ausland vieles gelernt und sind überdurchschnittlich häufig für Topjobs geeignet. Wenn sie dann bei der Rückkehr zwischen allen Stühlen landen, sind Sie natürlich für Headhunter empfänglich. Das ist allerdings nicht gerade das Ergebnis, das Sie ursprünglich angepeilt hatten.

Das andere Extrem ist allerdings karrieretechnisch noch weit kritischer zu sehen: Wenn Sie räumlich nicht mehr flexibel sind, sondern aus persönlichen Gründen Ihre Wahl für den Lebensmittelpunkt schon getroffen haben, schränkt das Ihre beruflichen Optionen und insbesondere die Aufstiegsmöglichkeiten stark ein. Es kann sehr gute Gründe dafür geben, dass Sie sich auf einen bestimmten Ort oder eine Region festgelegt haben, zum Beispiel die Nähe zu den pflegebedürftigen Eltern, die Schule der Kinder oder die ehrenamtliche Tätigkeit im Sportverein oder im Gemeinderat. Aber das ist nun mal mit einigen Führungspositionen nicht zu vereinbaren. Wenn Sie sich auf eine Stadt wie München oder eine Region wie das Ruhrgebiet »beschränken«, bleiben selbstverständlich deutlich mehr Optionen übrig, als wenn es eine Stadt wie Flensburg oder eine Region wie die Lausitz ist.

In meinen Gesprächen habe ich es häufig mit der genau umgekehrten Situation zu tun, nämlich dann, wenn die Entscheidung für einen Job dazu führt, dass man sich auch für einen bestimmten Lebensmittelpunkt entscheiden muss. Und dabei gibt es manchmal Standorte, die zu einem echten Problem werden können. Nehmen wir den Hochschwarzwald. Ich mag die Gegend, aber es ist sehr schwer, Menschen dafür zu begeistern, die nicht von dort kommen.

Noch schwieriger wird es bei Regionen, die wir gedanklich als »hintere Walachei« zusammenfassen: abgelegene, ländlich geprägte, strukturschwache Räume. Davon gibt es in Deutschland mehr, als man glauben mag. Emsland, Ostfriesland, Vorpommern, Lausitz, Erzgebirge, Eichsfeld, Niederbayern, Vulkaneifel, Schwäbische Alb, um nur einige zu nennen. Da kann es schon schwierig sein, überhaupt jemanden hinzukriegen.

Aber solche Aufgaben stellen sich mir immer wieder. Denn anders als in Staaten wie Frankreich, Italien oder Spanien, in denen große Gebiete im Landesinneren nur noch von ein paar Bauern und Alten bevölkert sind, gibt es in Deutschland bis in die tiefste Provinz hinein weltmarktführende Unternehmen von beachtlicher Größe, oft mit mehreren Tausend Beschäftigten: Adidas, Puma und Schaeffler kommen aus Herzogenaurach, die Hartmann-Gruppe aus Heidenheim an der Brenz, mit ihrer ebenfalls weltmarktführenden Tochter KOB aus Wolfstein. Und es gibt Hunderte mehr davon.

Diese Unternehmen wissen einerseits schon, dass ihr Standort für viele potenzielle Führungskräfte ein Problem ist. Aber andererseits sind sie auch stolz auf ihren Standort und die Rolle, die sie dort spielen. Sie gehören zum industriellen Mittelstand, zum

Rückgrat der deutschen Wirtschaft, und sie sind oft der größte Arbeitgeber weit und breit. Da wollen sie schon jemand, der auch tatsächlich zu ihnen kommen *will*. Da soll man sich als Neuankömmling nicht nur committen, man muss es auch. Sie müssen nicht in den gleichen Schützenverein wie Ihr Chef gehen. Es darf auch der Reitverein sein. Sie steigen nicht nur als Manager ein, sondern Sie stehen für das Unternehmen, im Dienst wie privat.

Den Kandidaten muss in einem solchen Fall klar sein, dass sie nicht in der Anonymität eines Konzerns untertauchen können, und dass sich auch ihr Leben durch die neue Position verändern wird. Die Intention der Arbeitgeber ist zudem in aller Regel, dass die Arbeitsbeziehung länger dauert: Sie betreiben doch nicht den ganzen Aufwand, jemand Fremdes in ihre Walachei zu holen, nur damit der nach drei Jahren wieder geht. Und wenn jemand dann doch wieder geht, wird sich wieder das ganze Leben verändern, denn es wird weit und breit keinen anderen potenziellen Arbeitgeber geben, bei dem man anheuern könnte, ohne den Wohnort zu wechseln.

Einige meiner Gesprächspartner sind für einen solchen radikalen Wechsel nicht zu haben. Und diejenigen, die sich doch einen Umzug hinter die sieben Berge vorstellen können, verbinden das in der Regel mit einer neuen Lebensphase: mit kleinen Kindern, die à la Bullerbü im Grünen aufwachsen sollen, oder die Kinder sind gerade aus dem Haus, oder nach einer gescheiterten Beziehung oder gerade in einer neuen oder …

… aber mehr davon im nächsten Abschnitt.

Partnerschaft

Als Bill Clinton 1992 in den Wahlkampf zur US-Präsidentenwahl zog, war einer seiner Slogans »Buy one, get one free«. Und auch seine Frau Hillary stieß ins gleiche Horn: »If you vote for him, you get me.« Clinton (der Mann) wurde gewählt, und Clinton (die

Frau) wurde zur Schlüsselperson für das wichtigste Reformvorhaben in seiner ersten Amtszeit: die Gesundheitsreform.

Wahlentscheidend war der Clinton-Doppelpack von 1992 allerdings kaum. Mitarbeiter aus dem damaligen Clinton-Wahlkampfteam erinnern sich, dass der wichtigste Beitrag Hillarys zum Sieg ihres Mannes darin bestand, dass sie bei allen Gerüchten um seine Affären an seiner Seite blieb. Was immer in Bills Privatleben passierte, wurde dadurch keine Staatsaffäre, sondern blieb schlicht Privatleben.

Die meisten Arbeitgeber heute verhalten sich in etwa so wie damals Bill Clintons potenzieller Arbeitgeber: die US-Wählerschaft. Sie wollen die Familiensituation kennen, und diese sollte möglichst unproblematisch sein; aber sie wollen nicht den Partner mitheiraten. Ihrer Karriere wird es also eher nicht helfen, wenn Sie die Beziehung zu Ihrem Partner stark in den Vordergrund stellen. Dementsprechend halten auch die meisten Manager ihr Privatleben weitgehend von ihrem Berufsleben getrennt.

Es gibt nur eine Situation in meiner Berufspraxis, in der die Partnerschaft eine relevante Rolle spielt: wenn Familienunternehmen externe Manager suchen. Dann kommt es tatsächlich häufiger vor, dass die Entscheider nicht nur den Kandidaten selbst kennen lernen wollen, sondern am liebsten gleich die ganze Familie. Dann laden der Eigentümer und seine Frau den Kandidaten und seine Familie zum Essen in ihren Golfclub ein. Und mindestens die Partnerin beziehungsweise der Partner müssen dieser Einladung auch Folge leisten.

Und was ist mit Kandidaten, die sich in einer gleichgeschlechtlichen Beziehung befinden? Die bringen eben ihre gleichgeschlechtliche Beziehung mit. Es geht um ein Kennenlernen, das am Beginn einer intensiven und auch räumlich engen Arbeitsbeziehung steht. Da sollte niemand irgendetwas vorspielen, das es in Wirklichkeit gar nicht gibt, nur weil das vermeintlich dem Gegenüber gefällt. Am besten, Sie und Ihr Partner oder Ihre Partnerin präsentieren sich so, wie Sie auch tatsächlich sind.

Offiziell wird Ihnen ohnehin niemand den Job absagen, weil Sie homosexuell sind oder Ihre Frau zu hohe Absätze trägt. Was dann tatsächlich den Ausschlag für die Entscheidung des Arbeitgebers gibt – nimmt er den verheirateten Manager mit zwei Kindern, die Geschiedene mit Patchwork-Familie oder die kinderlose Managerin mit Partnerin? –, wird er auch mir im Normalfall nicht verraten.

Gerade bei Familienunternehmen kann es auch im weiteren Verlauf der Arbeitsbeziehung zu einer engeren Verzahnung von Berufs- und Privatleben kommen. Da erwartet der Patron schon, dass man sich im gleichen Reitclub trifft. Und wenn man nicht reiten kann oder will, okay, aber dann muss man eben auf dem Schützenfest dabei sein, und die Frau bitte bei irgendetwas Ehrenamtlichem. In Gütersloh sind die sommerlichen Grillfeste bei Bertelsmann berühmt-berüchtigt, und für Porsche-Manager ist es tunlichst geraten, sich wie die Angehörigen der Eigentümerfamilie ein Feriendomizil in Kitzbühel zuzulegen.

Die Entscheidung für einen neuen Arbeitsort bringt häufig die Karriere in Konflikt mit der Partnerschaft. Wenn Ihr Mann eine gutgehende Anwaltskanzlei in Stuttgart hat, wird er die nicht von heute auf morgen aufgeben und mit Ihnen nach München ziehen. Dann landen Sie bei einem der vielen möglichen Modelle des Pendelns oder der doppelten Haushaltsführung, ohne Gewähr, dass es auch tatsächlich funktioniert.

Und wenn es nicht funktioniert, was dann? Den Job aufgeben? Oder die Partnerschaft? Wenn es tatsächlich so gegeneinandersteht, handelt es sich um eine der härtesten Entscheidungen Ihres Lebens. Ich bin sehr froh, dass ich selbst nie in diese Situation gekommen bin, und ich leide mit allen Kandidaten, die in diesem Dilemma stecken. Ich kann wenig tun, um diesen Konflikt zu bewältigen: Ich bin keine Paartherapeutin, sondern Personalberaterin. Allerdings würde ich Sie bitten, es sich nicht zweimal, sondern mindestens viermal zu überlegen, bevor Sie die Karriere über die Beziehung stellen. Wenn Sie einen Job annehmen sollen, bei dem Sie von vornherein wissen, dass Ihre Partnerschaft das nicht aushalten wird, dann nehmen Sie den Job besser nicht an. Wenn Sie mein Topkandidat gewesen wären, ist es für mich zwar schade, wenn Sie aus dem Rennen aussteigen. Aber dann ist es eben so. Es wäre nicht das erste Mal, dass mir das passiert.

Und wenn Sie es sich viermal überlegt haben und immer noch finden, dass Ihr nächster Karriereschritt das Risiko einer zerbrechenden Partnerschaft wert ist? Dann vermute ich stark, dass diese Partnerschaft nicht an Ihrer Karriere zerbricht.

Braucht man überhaupt einen Partner, um Karriere zu machen? Wenn mir diese Frage gestellt wird, gebe ich sie sofort wieder zurück: Denn entscheidend ist nicht, ob *man* einen Partner braucht. Entscheidend ist, ob *Sie* einen Partner brauchen. Und dabei sollte es Ihnen auch nicht in erster Linie um Ihre *Karriere* gehen, sondern um Ihr *Leben*. Sicher, es kommt immer wieder vor, dass Menschen so von ihrer Berufung eingenommen sind, dass sie keinen Platz für einen Menschen an ihrer Seite sehen: Sherlock Holmes ist ein Beispiel dafür in der Literatur, Immanuel Kant in der Wirklichkeit. Aber der Zusammenhang kann hier auch genau umgekehrt sein: Zunächst der Unwillen oder die Unfähigkeit zu Zweisamkeit und dann die Berufung. Also prägte auch in diesen Fällen eher die Persönlichkeit die Karriere als umgekehrt.

Das alte Sprichwort »Hinter jedem erfolgreichen Mann steht eine starke Frau« würde ich unseren heutigen, so viel offeneren und diverseren Zeiten anders definieren: Hinter jeder erfolgreichen Führungskraft steht eine starke Persönlichkeit. Und zwar: die eigene Persönlichkeit. Zu dieser starken Persönlichkeit kann eine Lebenspartnerschaft beitragen. Und in vielen Fällen ist es auch weiterhin so. Aber auch dann macht nicht die Partnerschaft die Karriere, sondern die Partnerschaft prägt die Persönlichkeit, und die Persönlichkeit macht die Karriere.

Es gibt zahlreiche Partnerschaften, in denen beide Partner in einer eigenen Arbeitswelt fest verankert sind. Es gibt Konzernvorstände, die mit erfolgreichen Ärztinnen verheiratet sind. Da hat man mit der Arbeit des jeweils anderen schlicht nichts zu tun.

Eine Ehe, zwei Karrieren

Das aktuell wohl prominenteste Beispiel einer solchen Beziehung ist die Ehe zwischen Angela Merkel und Joachim Sauer: Sie war Bundeskanzlerin, er war Professor für Physikalische und Theoretische Chemie. Ihr Haupttätigkeitsgebiet war das Regieren in Deutschland, seine Hauptforschungsgebiete (wenn ich Wikipedia glauben darf) sind »Ab-initio-Berechnungen von anorganischen Clustern und theoretische Untersuchungen zur Struktur, Energetik und Dynamik heterogener Katalyseprozesse an Zeolithsystemen«. Das klingt jetzt nicht direkt wie eine ideale Kombination von karrierefördernden Eigenschaften, aber es scheint für beide doch gut funktioniert zu haben.

Halten Sie es mit der Partnerschaft so, wie es für Sie richtig und wichtig ist. Und wenn es Ihnen in Ihrer Partnerschaft gut geht, steigt auch die Wahrscheinlichkeit, dass die Beziehung auch der Karriere guttut.

Kinder

Kinder und Karriere ist ein Riesenthema. Für jede und jeden von Ihnen. Für jeden Arbeitgeber. Und damit natürlich auch für mich. Mit Kindern sieht Ihr Leben anders aus als ohne, und die Veränderung, die vor allem die Geburt des ersten Kindes für Ihr Leben bedeutet, wird auch Ihr Berufsleben verändern: mehr oder weniger, positiv oder negativ, gewollt oder ungewollt.

Und es ist für mich gleichzeitig ein Nicht-Thema – juristisch gesehen. Denn das Allgemeine Gleichbehandlungsgesetz aus dem Jahr 2006 soll »Benachteiligungen aus Gründen der Rasse oder wegen der ethnischen Herkunft, des Geschlechts, der Religion oder Weltanschauung, einer Behinderung, des Alters oder der sexuellen Identität verhindern und beseitigen«. Für Bewerbungsgespräche und Headhunter-Interviews bedeutet das unter anderem: Wir dürfen nach dem Kinderwunsch genauso wenig fragen wie nach der Religionszugehörigkeit oder der sexuellen Orientierung.

Wenn etwas im wahren Leben so wichtig ist, kann auch das bestgemeinte Gesetz es nicht einfach als Nicht-Thema wegdefinieren: Es bleibt dann eben unausgesprochen, aber unübersehbar im Raum stehen, wie der sprichwörtliche »elephant in the room«.

Wie voreingenommen viele bei dem Thema sind, können Sie auch an sich selbst testen: Haben Sie beim Lesen hier automatisch bei »Kinder und Karriere« oder »Kinderwunsch« an Frauen gedacht? So als ob Männer keinen Kinderwunsch haben könnten oder als ob es einen Mann nicht verändert, wenn er Vater wird? Ich habe bewusst im bisherigen Text dieses Abschnitts noch kein einziges Mal eines der Wörter Frau, Mutter oder Schwangerschaft verwendet. Aber auch mit noch so eleganten Formulierungen kann ich nichts daran ändern, dass in Deutschland tatsächlich »Kinder und Karriere« in allerallererster Linie als Frauenthema assoziiert wird.

Oder besser gesagt: in Westdeutschland. In Ostdeutschland ist es, wie aus der DDR übernommen, völlig normal, dass Mann und Frau, Vater und Mutter arbeiten. Es gibt umfangreiche Betreuungsangebote auch schon für kleine Kinder, und damit ist das Thema weitgehend ausgeräumt. In vielen unserer Nachbarstaaten ist die Situation ähnlich, etwa in Frankreich oder Skandinavien. Nur solche Angebote für frühzeitige Betreuung ermöglichen es den jungen Müttern, nach der Geburt wieder in ihren bisherigen Job zurückzukommen, denn dafür darf diese Familienpause nicht länger als ein Jahr dauern. Wenn man, wie in Westdeutschland lange üblich, erst wieder an Erwerbsarbeit denkt, wenn die Kinder in der Schule sind, ist ein Wiedereinstieg in der bisherigen Position illusionär – da geht es nur noch um einen Neuanfang. Kein Wunder, dass dieser in den Regel in eher prekären Teilzeitjobs landet. Wenn Sie nach einer so langen Familienpause noch einmal richtig durchstarten wollen, sollten Sie in erster Linie über den Gang in die Selbstständigkeit nachdenken.

Beim »Idealbild« der Vollzeit-Hausfrau und Mutter haben wir es also eigentlich mit einem westdeutschen Sonderweg zu tun. Es gibt Historiker, die hier Parallelen zur Mutterkreuz-Ideologie der Nazis ziehen, bei denen es ja geradezu erwünscht war, dass Frauen (wenn sie die richtige Rasse hatten) die Mutterschaft zu ihrem Hauptberuf machten, um dem Staat Söhne und Soldaten zu schenken. Aber mir geht es nicht so sehr darum, was aus welcher Vergangenheit erklärt werden kann, sondern was heute und vor allem morgen zu uns als Menschen und Gesellschaft passt. Und da ist der westdeutsche Sonderweg heute schon schlecht und morgen nicht zukunftsfähig: In einer demografischen Situation mit kleinen und weiter kleiner werdenden Jahrgängen von Berufseinsteigern geht es schlicht nicht mehr, die Hälfte jedes Jahrgangs zu Hause zu lassen.

In den vergangenen Jahrzehnten haben wir schon eine deutliche, wenn auch langsame Entwicklung zu mehr Betreuungsangeboten und zu einer stärkeren Einbindung der Väter in die Elternzeit gesehen. In den nächsten Jahren erwarte ich vor allem Entwicklungen bei Arbeitgebern und Arbeitsplätzen. Der coronabedingte Zwang zum Homeoffice hat gezeigt, was alles an Arbeitsmodellen möglich sein kann, und das werden sich die Menschen nicht einfach wieder wegnehmen lassen, nur weil die Pandemie vorbei ist. Mittelfristig wird der Trend dahin gehen, dass man Arbeits- und Lebensphasen besser miteinander in Einklang bringen kann, anstatt mit allem gleichzeitig in der Rushhour des Lebens jonglieren zu müssen.

Aus dem »elephant in the room« kann also irgendwann in der Zukunft eine Mücke werden. Aber jetzt steht er noch im Raum – vor allem für die Frauen. Und vor allem dann, wenn es mit der Karriere so richtig spannend wird. Bei der ersten Stelle nach dem Studium spielt der Kinderwunsch kaum eine Rolle. Die jungen Leute wollen etwas erreichen, sind gerne viel unterwegs, sind auf der Suche nach ihrem Platz im Leben und im Berufsleben. Mit denen können wir rechnen. Aber danach kommt der erste richtige Karriereschritt, so etwa mit Ende 20, und da wird es schwierig mit dem Kinderwunsch. Just in dem Moment, in dem die entscheidenden Weichen für den beruflichen Aufstieg gestellt werden, stellt sich Frauen die Kinderwunschfrage als hohe Hürde in den Weg – und zwar unabhängig davon, ob sie tatsächlich Kinder haben oder haben wollen.

In meinen Interviews gibt es immer wieder Frauen, die auf die Hürde vorbereitet sind und sie einfach abräumen: »Nur dass Sie das wissen: Wir kriegen keine Kinder.« Das löst für mich das Elephant-Problem, und das löst es auch für Sie, wenn das tatsächlich Ihre Planung ist. Etwas zu sagen, nur weil es der Arbeitgeber gerne hören möchte, obwohl es nicht stimmt, kann Ihnen jetzt einen Job verschaffen, wird sich aber langfristig kaum auszahlen.

Am Ende muss jeder und jede für sich entscheiden, ob und wie viele Kinder er oder sie haben möchte. Und wenn Sie wollen, dass Ihr Partner sowohl bei der Entscheidung als auch später bei Betreuung und Erziehung mit in die Verantwortung geht, dann machen Sie ihm das möglichst frühzeitig klar. Denn wenn Sie Ihre Kinder nicht vom Partner betreuen lassen können und auch sonst keine permanente Hilfe von außen haben, sind Kinder und Karriere vor allem eine gewaltige Herausforderung. Was sich nicht zuletzt daran zeigt, dass gerade bei Frauen im Topmanagement der Anteil derjenigen, die in einer Familie mit Kindern leben, immer noch viel zu gering ist.

Wenn Sie sich selbst um die Kinder kümmern wollen und noch dazu Karriere machen, dann werden Sie kreativ sein müssen. Es gibt dafür konventionelle Lösungen, etwa Au-pairs – wobei Sie dann das Risiko haben, sich statt um ein Kind plötzlich um zwei Kinder kümmern zu müssen, ein kleines und ein großes. Und es gibt eine Vielzahl möglicher unkonventioneller Lösungen, bei denen Partner, Eltern, Freunde, Nachbarn, Dienstleister und Arbeitgeber in unterschiedlichen Rollen mitspielen können. Immerhin gibt es inzwischen Unternehmen, die sich sehr stark darum bemühen, auch Eltern eine Karriere zu ermöglichen, und deren Zahl steigt. Wenn Sie also das eine mit dem anderen verbinden wollen, empfiehlt es sich, schon frühzeitig zu recherchieren, welche Unternehmen in Ihrer Region beziehungsweise Ihrer Branche sich in diese Richtung bewegen.

Stellen Sie sich dennoch darauf ein, dass Sie viel von sich abprallen lassen müssen, wobei die Angriffe sogar eher von anderen Frauen kommen können als von Männern. Wenn Sie einen Weg beschreiten, auf den andere sich nicht getraut haben, wäre es natürlich schön, wenn Sie von diesen anderen bejubelt, beglückwünscht, angefeuert würden. Passieren wird in vielen Fällen das Gegenteil: Sie werden angefeindet, Ihr Weg wird Ihnen geneidet. Psychologisch durchaus verständlich: Schließlich würde Ihr Erfolg bei allen, die sich anders entschieden haben, die Frage aufwerfen, ob sie das nicht vielleicht auch hätten schaffen können. Damit würde in der Selbstwahrnehmung die eigene Lebensleistung ein Stück weit entwertet, und wer will das schon? Aber darum sollten Sie sich nicht zu sehr sorgen: Wenn Sie Ihren Kindern gerecht werden wollen und Ihrer Karriere und dann auch noch sich selbst, haben Sie schließlich schon genug, worum Sie sich kümmern müssen.

5.
Sich mit seiner Persönlichkeit auseinandersetzen

Wollen Sie eine gute Führungskraft sein, egal ob angestellt oder selbstständig, müssen Sie eine klare Philosophie für sich haben. Was ist Ihr Anliegen? Was treibt Sie an? Was wollen Sie im Leben erreichen, und was im Beruf? Was ist der Sinn Ihrer Arbeit? Warum machen Sie das, was Sie tun, und nicht etwas anderes? Alles hoch philosophische Fragen, aber eben keine Fragen für Philosophen, sondern für Sie selbst. Gestellt haben Sie sich solche Fragen bestimmt schon hin und wieder. Aber auch beantwortet?

Wenn Sie zum Interview mit mir eingeladen sind, würde ich Ihnen auf jeden Fall raten, sich auf diese Fragen vorzubereiten. Denn »Was ist Ihre Führungsphilosophie?« ist eine meiner Lieblingsfragen. Schade für Sie, wenn Sie sich noch gar keine Gedanken darüber gemacht haben, denn dann werden Sie nicht nur im Gespräch mit mir, sondern auch in vielen Entscheidungssituationen ziemlich herumeiern, und wer braucht das schon, vor allem auf Führungspositionen? Und um die geht es bei meinen Kunden ja meistens.

Ich kann von meinen Kandidaten natürlich nicht erwarten, dass sie wissen, was in dem Job, um den es gerade geht, auf sie zukommt, denn sie wissen ja oft noch gar nicht, um welche Firma es sich handelt. Umso wichtiger ist es, dass sie wissen, was sie selbst können; und was sie selbst wollen. Kandidaten, die sich ihrer selbst nicht sicher sind, werden relativ schnell aussortiert. Und zwar schon von mir.

Der Schlüssel, um diese Sicherheit über sich selbst zu erreichen, ist Selbstwahrnehmung. Je besser man sich selbst und die anderen beobachten kann, desto besser ist das für das weitere Leben. Gerade wenn man in höhere Etagen kommt. Ich muss in einem Meeting intuitiv mitbekommen, wie die anderen zu mir stehen und wie die Machtverhältnisse sind. Je mehr ich mich kenne, desto mehr bin ich auch in der Lage, mich selbst im Griff zu haben. Zumindest übe ich, mich im Griff zu haben.

Der Begriff Selbstwahrnehmung ist zwar noch relativ neu, aber keine trendige Zeitgeistvokabel, sondern eine Erfordernis der modernen Gesellschaft. Immer höhere Komplexität und Dynamik führen dazu, dass Sie sich immer seltener in exakt kalkulierbaren Situationen befinden. Entsprechend wichtiger wird es, eine eigene, solide Basis zu haben, von der aus Sie agieren können. Und das bedeutet: die Selbstwahrnehmung auszubauen.

Selbstwahrnehmung – wie kriegt man das hin?

»Wer bin ich?« ist eine extrem schwer zu beantwortende Frage. Getoppt wird sie nur noch von »Wer bin ich wirklich?«. Menschen sind komplex, individuell, einiges ändert sich ständig, anderes bleibt über Jahrzehnte stabil, manches kann man, manches weiß man, manches verdrängt man, und bei manchem weiß man nicht mal, dass man es verdrängt. Puh.

Fangen wir lieber anders an. Ich stelle gerne die Frage, was jemand von den anderen unterscheidet. Menschen leben in der Regel von sozialen Vergleichen, und sie erzählen auch gerne davon, wo sie anders sind. Die meisten antworten mir als Erstes, was sie richtig gut können. Nur wenige fangen damit an, bei was sie schlechter sind als die anderen. Zum einen sicherlich, weil sie dafür zu gut geschult sind. Man lernt nun wirklich in jedem Talentprogramm, dass man seine Stärken zeigen und nicht ex negativo argumentieren soll. Zum anderen ist es natürlich für den Job auch wichtiger zu wissen, was Sie können, als was Sie nicht können. Sie werden den Zuschlag bekommen, wenn Sie am besten passen, und nicht, wenn Sie am wenigsten nicht passen. Sie können gerne weiterhin meinen, dass Sie schlecht in Kommasetzung sind oder nicht mit Zahlen umgehen können. Aber für den Erfolg im Beruf ist es doch wichtig zu wissen, wo Sie gut sind.

Sie werden gefunden, weil Sie besser als die Benchmark sind. Aber dazu müssen Sie sich selbst natürlich erst einmal »benchmarken«. Im Folgenden stelle ich Ihnen vier Methoden vor, um mehr über sich selbst zu erfahren.

	Hilfe von außen	Hilfe von innen
Hilfe durch Kommunikation	Mit anderen reden	Mit sich selbst auseinandersetzen
Hilfe durch Fokussierung	Assessments	In die Stille gehen

Tabelle 3: Selbstwahrnehmung – Methoden, um mehr über sich zu erfahren

Mit anderen reden

Für Selbstwahrnehmung ist Feedback wichtig. Nur wenn Sie das Fremdbild der anderen kennen, können Sie es mit Ihrem eigenen Selbstbild vergleichen. Nicht um sich anzupassen, sondern als Reality Check. Da gilt: besser eine zu selbstkritische Reflexion, als sich selbstzufrieden mit Charmeuren umgeben.

Das gilt insbesondere für alle, die Führungskraft werden wollen oder Führungskraft sind. Wer sich immer nur in der eigenen Blase bewegt, kann schnell die Bodenhaftung verlieren. »Feedback is breakfast for Champions«, sagt Ken Blanchard, und da bin ich ganz bei ihm.

Leider ist in Deutschland die Feedbackkultur nicht besonders ausgeprägt. So sind den meisten Vorgesetzten Mitarbeitergespräche unangenehm, die aber wiederum in vielen Positionen die einzige Form institutionalisierten Feedbacks überhaupt darstellen. Das ist dann so persönlich; all die viele Befindlichkeiten, die damit verbunden sind – das macht man nicht so gern. Die Angelsachsen gehen damit wesentlich besser und offener um. Vielleicht kommt das einfach durch das unterschiedliche Schulsystem, durch das schon bei den Kindern Feedback von der Gruppe und Social Skills eingeübt werden. In Deutschland bekommt man eine Note, und die muss dann für alles stehen.

Wenn man in der Schule kein Feedback lernt und wenn bei der Arbeit Feedback eher selten ist, dann müssen Sie es sich eben selbst organisieren. Indem Sie sich immer wieder Rat holen bei Menschen, die Sie ab und zu auch aus der Reserve locken oder gar provozieren. Die Ihnen nicht alles glauben, sondern Fragen stellen, und die Sie erst überzeugen müssen. In Kapitel 8 gehe ich unter dem Stichwort »Spiegelkabinett« ausführlich darauf ein, wie Sie ein solches externes Feedback organisieren können.

Und wenn Sie stattdessen das Feedback an den Arbeitsplatz holen? Immerhin wünscht sich etwa die Hälfte aller Beschäftigten in Deutschland mehr Feedback, und es gibt viele ermutigende Beispiele dafür. So hat Andrea Wasmuth, die neue Geschäftsführerin der Handelsblatt Media Group, im Unternehmen Strukturen eingeführt, die dabei helfen sollen, »voneinander zu lernen und gut zuzuhören«. Und die Wahl der gesamten Führungsriege durch die Belegschaft, wie sie bei der Haufe-umantis AG aus St. Gallen praktiziert wird, ist vor allem ein umfangreicher (und erfolgreicher) Feedbackprozess.

Warum also nicht bei der Personalabteilung einen Antrag auf Einführung von Feedback-Elementen stellen? Weil der Schuss nach hinten losgehen kann, wenn in Ihrer Firma die Kultur dafür nicht reif ist. Ich habe das selbst einmal erlebt.

Feedbackmethode ohne Feedbackkultur

In einem Unternehmen war ich an der Einführung des 360-Grad-Feedbacks beteiligt, einer Methode, bei der alle befragt werden, die mit einer Führungskraft zusammenarbeiten: Kollegen, Teammitglieder, Mitarbeiter, direkte Vorgesetzte und Kunden. Wir haben sehr viel Zeit darauf verwendet, um die Methode perfekt einzuführen, konnten allerdings nichts daran ändern, dass es im Unternehmen keinerlei vertrauensvolle Unternehmens- und Führungskultur gab. Das Ende vom Feedbacklied: Die Unternehmensleitung missbrauchte das Instrument, um Führungskräfte loszuwerden, die man schon immer loswerden wollte.

Wenn es in Ihrem Unternehmen eine Feedbackkultur gibt: Holen Sie es sich gerne dort. Aber wenn nicht: Reden Sie mit anderen, die Welt da draußen ist groß genug.

Assessments

In meiner Karriere waren Assessment Center ein Schlüsselerlebnis. Nicht weil ich selbst so eindrückliche Erfahrungen in diesen Auswahltest gemacht hätte, sondern weil ich damit mit Mitte zwanzig erst als Praktikantin, dann als Werkstudentin, dann als Mitarbeiterin in der Daimler-Personalabteilung befasst war. Zweieinhalb Jahre Assessments – das war spannend!

Ich fand es schon immer toll, mich mit Menschen auseinanderzusetzen, und in diesem Job war alles dabei: von der Konzeption des Assessment Centers über die Auswahl der Kandidaten bis zu deren Beobachtung im Assessment und der Bewertung hinterher. Alles. Planspiel, Mitarbeitergesprächssimulation, Gruppendiskussion, Fallstudie. Für die Bewertung gab es von uns vorgegebene Kategorien. Aus der Summe der Bewertungen aller am Assessment Beteiligten gab es ein Ranking der Kandidaten und am Ende wurden dann oft auch tatsächlich diejenigen genommen, die wir am besten bewertet hatten.

Schon mein Einstieg bei Daimler lief über ein Assessment Center. Das Unternehmen hatte ein vorstandsnahes Projekt namens »Campus meets Company«, mit dem die besten Studierenden für das Unternehmen gewonnen werden sollten. Natürlich brauchte man da auch Leute aus der Zielgruppe zum Mitorganisieren. Ich war eine von vielen Studierenden, die sich beworben hatten, und durch ein

Assessment Center kam ich ins Projekt. Das war doch etwas ganz anderes als im Psychologiestudium! Da wurde ich zwar auch ständig mit Testtheorie konfrontiert, aber das war extrem trocken, von vorne bis hinten Mathematik und Statistik. Dann doch lieber Realität.

Heute bin ich, was meinen eigenen Job angeht, bei Tests deutlich zurückhaltender. Es gibt zwar mittlerweile einen riesigen Markt für Tests zur Personalauswahl und -beurteilung, aber wir haben uns in unserer Firma jahrelang dagegen gesträubt, solche Tests einzusetzen, weil sie die individuelle Vielfalt der Menschen in Messwerte presst. Aber dagegen stand immer wieder ein sehr klarer Kundenwunsch: Machen Sie uns die Persönlichkeit der Kandidaten messbar. Zeigen Sie uns in Kurven und Balken, welche Kandidaten wie gut zu uns passen.

Diejenigen Persönlichkeitspsychologen, die Testmethoden entwickeln und vermarkten, vertreten sehr klar die Position, dass man Persönlichkeit messen kann. Dagegen steht eine grundlegende Skepsis, die sich am prägnantesten mit einem alten Physiklehrerspruch ausdrücken lässt: »Wer misst, misst Mist.« Zum einen wird schon durch die Messung an sich das »natürliche« Ergebnis verfälscht: Ein Strommessgerät hat seinen eigenen Widerstand, der die Eigenschaften im Stromkreislauf verändert (so erinnere ich mich dunkel aus dem Physikunterricht daran), und Menschen verhalten sich anders als sonst, wenn sie wissen, dass sie beobachtet werden. Bei der Messung von Stromstärken scheint das Problem nicht so gravierend zu sein, bei der Messung von Persönlichkeitsmerkmalen hingegen schon. Zum anderen verführen Messwerte dazu, sich nur an dem zu orientieren, was man messen kann, und andere Faktoren außer Acht zu lassen. In der Ökonomie wird das im Zusammenhang mit dem Bruttoinlandsprodukt (BIP) diskutiert: Es misst die Quantität der Wirtschaftsleistung, aber nicht die Qualität. Verkehrsunfälle oder gefällte Bäume steigern das BIP, ein verhinderter Unfall und eine intakte Natur hingegen nicht. In der Psychologie kennen wir so etwas aus Debatten um den Intelligenzquotienten IQ: Weil er sich so gut in Zahlen messen lässt, wird ihm eine hohe Bedeutung zugemessen. Weit mehr als anderen, ebenso bedeutenden, aber kaum messbaren Faktoren wie »glückliche Kindheit« oder »mit sich im Reinen sein«.

Wie meist bei heftigen Kontroversen liegt auch bei der um den Nutzen von Tests die Wahrheit irgendwo dazwischen.

- Persönlichkeitstests können Tendenzen zeigen und Gewichtungen herstellen, aber Persönlichkeitsmessung auf die zweite Stelle hinterm Komma genau macht keinen Sinn.
- Die Klassifizierungen von Persönlichkeitstests können niemals der Individualität eines Menschen völlig gerecht werden. Dennoch haben Menschen ein natürliches Bedürfnis, etwas in Schubladen zu packen. Das Erkennen von Mustern, eine der großen Stärken unseres Gehirns, ist schließlich auch nichts anderes als ein Denken in Schubladen.

Für mich heißt das: Persönlichkeitstests sind nur mäßig geeignet, um eine Person zu beurteilen, die man noch nicht kennt – der klassische Fall beim Headhunting. Sie sind aber weit besser geeignet, um die Beurteilung einer Person zu verfeinern, die man schon kennt. Das ist beispielsweise in unserem Geschäftsfeld »Audit« der Fall, in dem wir die Persönlichkeiten und das Potenzial von Teammitgliedern oder ganzen Belegschaften beurteilen. Für diesen Bereich arbeiten wir denn auch mit einem Test, der sowohl Werte und Motive von Menschen misst als auch deren Stärken und Schwächen. Ein weiteres Modul misst, wie die Testperson unter Stress und Druck reagiert. Wo flippt sie aus, wo sind ihre roten Knöpfe?

Für Sie wiederum bedeutet das: Persönlichkeitstests sind gut geeignet, damit Sie sich selbst besser beurteilen können. Machen Sie ruhig so viele Persönlichkeitstests wie möglich. Gerade weil Sie sich so gut kennen, kann Ihnen die Analyse solcher Testergebnisse extrem viel helfen. Nicht so sehr als Selbstbestätigung. Das mag schön sein für Ihr Ego, aber Sie lernen nichts daraus. Interessant wird es für Sie, wenn bei einem Persönlichkeitstest etwas herauskommt, was Ihrer Selbsteinschätzung widerspricht. Vielleicht ist der Test einfach nur doof, vielleicht hatten Sie gerade einen schlechten Tag, aber vielleicht handelt es sich hier auch um eine Differenz zwischen Ihrem Selbstbild und dem Fremdbild; und dann ist es für Sie sinnvoll, darüber und über sich selbst nachzudenken. Es geht dabei natürlich nicht darum, dass Sie sich selbst abstempeln, sondern darum, dass Sie Ihre Potenziale erkennen und etwas über sich und für sich lernen.

Es gibt fast unendlich viele verschiedene Persönlichkeitstests. Manche gibt es kostenlos im Internet oder in Frauenzeitschriften, für manche muss man ein Buch kaufen oder aber eine Gebühr für die einmalige Durchführung zahlen, und bei manchen kauft man den Test im Paket zum Beispiel mit einem Coaching. Keiner von diesen Tests enthält ein magisches Geheimrezept oder eine Erfolgsgarantie, auch wenn einige das von sich behaupten. Im Prinzip basieren sie alle auf den gleichen Grundlagen. Unser Unternehmen verwendet beispielsweise den Hogan-Test, den Sie allerdings nicht einfach durchführen können, da Sie dafür zertifiziert sein müssen. Auch der Clifton Strengths Test von Gallup wird viel verwendet. Aber wie bei allen anderen kommt es auch bei ihm nicht so sehr auf den Test selbst an, sondern darauf, was sie mit den Ergebnissen machen. Deshalb an dieser Stelle auch keine Empfehlung von mir: Machen Sie das, was Sie anspricht. Und wenn es Ihnen hilft, ist es gut.

Mit sich selbst auseinandersetzen

Ich kenne einen altgedienten Konzernvorstand, der jedes Jahr zu Weihnachten einen Brief an sich selbst schreibt. Einen Brief über das, was er im ablaufenden Jahr erlebt hat, und das, was er sich fürs nächste Jahr vornimmt. Ein Jahr später, zum nächsten Weihnachten, holt er diesen Brief wieder hervor, liest ihn noch einmal und zieht seine Schlüsse daraus. Er schwört darauf und hält diesen Brief für sein bestes Instrument, um sich mit sich selbst auseinanderzusetzen.

Für mich fände ich Weihnachten nicht den richtigen Zeitpunkt für so etwas; das ist ein Fest, um an andere zu denken, nicht an mich. Aber das können Sie gerne halten, wie Sie es für sich für richtig halten. Sie können auch jeden Abend Ihren Arbeitstag reflektieren, oder jeden Samstagmorgen Ihre Arbeitswoche. Sie können ein Dankbarkeitstagebuch führen oder Ihre To-do-Listen sammeln. Wichtig ist, dass Sie sich in strukturierter Form mit sich beschäftigen. Am besten schriftlich, am besten mit einem eingeplanten Zeitfenster für die Rückschau auf das, was Sie schon mal geschrieben hatten. Und am besten in einer rituellen Regelmäßigkeit. Damit es für Sie normal wird, sich selbst Feedback zu geben, denn Sie sind nun mal diejenige Person, die von allen am meisten Zeit mit Ihnen verbringt.

»Feedbackanalyse« heißt diese Technik und laut dem Managementautor Peter F. Drucker, der sie schon vor Jahrzehnten propagierte, hat sie schon mehrere Jahrhunderte auf dem Buckel: Er verortet ihre Wurzeln in der frühen Neuzeit, in den Selbstmanagementregeln des gerade frisch gegründeten Jesuitenordens. Die Mönche lebten weltweit verstreut, in kleinen Gemeinschaften oder auch als einzelner Missionar. Sie konnten in Entscheidungssituationen nicht darauf warten, dass aus der Zentrale eine Weisung des Ordensmeisters kam. Die ritualisierte Selbstbeobachtung der Feedbackanalyse war eines der Mittel, um Individualität und Zusammenhalt im Orden zu ermöglichen.

Schriftliche Selbstbeobachtung

Peter F. Drucker beschreibt die Feedbackanalyse so: »Wann immer ein Mensch eine Schlüsselentscheidung fällt und wann immer er eine entscheidende Handlung ausführt, ist es erforderlich, die eigenen Vermutungen über das, was geschehen wird, niederzuschreiben. Neun bis zwölf Monate später blickt man von dem, was tatsächlich erreicht wurde, zurück auf die Erwartungen. Diese einfache Methode erlaubt einem, innerhalb eines sehr kurzen Zeitraums von vielleicht zwei bis drei Jahren herauszufinden, wo die persönlichen Stärken liegen, und den Menschen wird bewusst, was sie daran hindert, den vollen Ertrag ihrer Stärken ausschöpfen zu können.«

Für Therapeuten ist das nichts Neues: Sie müssen sich ohnehin immer wieder bei einer Behandlung mit sich selbst auseinandersetzen: Wie geht es mir eigentlich? Was löst dieser Patient, diese Situation in mir aus? Aber auch für Sie ist es wichtig, dass Sie sich und Ihre eigenen Grenzen kennen. Dazu müssen Sie wissen, wo Ihre roten Knöpfe sind – also die Punkte, an denen Sie verletzlich sind. Das sollte man allein schon deshalb wissen, um sich schützen zu können: Wenn man beispielsweise ein Problem mit Alkohol hat und das weiß, kann man Situationen bewusst meiden, in denen das eine Rolle spielen könnte.

Übrigens: Je höher Sie in Ihrer Karriere kommen, desto eher sollten Sie gerade diese Punkte für sich behalten. Es wird natürlich nicht jeder im Unternehmen sofort Ihre verwundbaren Stellen zu treffen versuchen, wie es im *Nibelungenlied* der finstere Hagen von Tronje mit Siegfried dem Drachentöter tat. Aber Sie müssen ja auch niemanden in Versuchung bringen.

Auch bezüglich Ihrer Karriere sollten Sie sich beobachten und ehrlich zu sich selbst sein. Also nicht nur: Ich will es in den Vorstand schaffen. Sondern auch: Schaffe ich das wirklich? Kann ich das, habe ich das Potenzial und das Vermögen? Wirklich? Und will ich das wirklich? Passt das zu meiner Lebenssituation, oder wäre mir mehr Zeit mit meiner Familie doch lieber als ein Vorstandsposten?

Wenn Ihnen das so klingt, als wolle ich Ihnen die Karriere madig machen: nein, wirklich nicht. Ich will Ihnen weder etwas einreden noch ausreden; aber auch Sie selbst sollten es so halten: Reden Sie mit sich, aber reden Sie sich nichts ein, und reden Sie sich nichts aus. Sie sollten sich realistisch einschätzen können, und Sie sollten eine Vorstellung davon haben, was da auf Sie zukommt. Damit Sie sich Strategien überlegen können, wie Sie damit am besten umgehen. Je früher in Ihrer Karriere Sie mit Ihrer persönlichen Feedbackanalyse beginnen, desto größer ist Ihre Chance, aus den Eindrücken und Erfahrungen etwas über sich zu lernen und sich weiterzuentwickeln.

In die Stille gehen

Wenn es um mich herum still wird, komme ich wieder zu mir. Wenn der Lärm da draußen abebbt, kann ich auch wieder mir da drinnen gut zuhören. Keine Fragen an die Stille stellen, keine Lösungen für Probleme erwarten. Nichts erwarten. Natürlich sind die Probleme hinterher immer noch da. Aber ich bin besser gerüstet, um sie anzugehen.

Anders als beim vorigen Abschnitt über die Auseinandersetzung mit sich selbst, geht es hier gerade *nicht* darum, über sich nachzudenken. Auch nicht über die Kollegen oder den Chef oder über Bundestagswahlen, Klimagipfel, Elternabende. Es geht darum, gerade nicht nachzudenken. Und das ist beileibe nicht einfach.

Je verantwortungsvoller Ihre Position ist, desto mehr stürzt auf Sie ein. Sie müssen entscheiden; auf Ihre Worte, auf Ihre Gesten, auf Ihren Gesichtsausdruck kommt es an. Immer. Sie können nicht einfach abschalten, aber Sie müssen es, wenn Sie nicht im Hamsterrad landen wollen. Ihr Gehirn braucht Pausen, damit es sich nicht in Endlosschleifen festfährt.

»Wer jederzeit erreichbar ist, gehört zum Personal«, schrieb der Publizist Johannes Gross, als gerade die ersten Handys aufkamen. Das ist in Smartphone-Zeiten nicht besser geworden. Wir haben immerhin das Problem erkannt und einen Begriff gefunden für die Zeiten, in denen wir selbstgewählt und gerne *nicht* erreichbar sind: Qualitätszeit. Zeit mit den Kindern oder mit Freunden, für ein Konzert oder ein Buch. Es ist so selten geworden, dass wir ganz ohne Druck oder Vorgaben von außen das machen können, was uns am Herzen liegt, da geht es fast unter, dass wir ganz ohne Druck oder Vorgaben von außen auch einfach *nichts* machen könnten.

Es gibt Menschen, die können das einfach. Die können sich so gut abschotten, dass der Rummel der Außenwelt sie nicht mehr erreicht. Ich kann das nicht. Es ist wohl eine Typfrage: Je empathischer man ist, je mehr man sich für das interessiert, was um einen herum vorgeht, desto eher braucht man auch den Rückzug. Dieses Interesse ist bei mir sowohl Beruf als auch Berufung.

Wenn man den Rückzug in die Stille braucht, kann (vielleicht: muss) man sich ihn organisieren. Gerade bei Managern sind dafür Klöster sehr beliebt. Ich besuche regelmäßig das Zen-Kloster in Buchenberg, und in den Seminaren, die dort stattfinden (zum Beispiel Zen und Bogenschießen), sitzen viele Männer und Frauen, die Stille suchen. Und finden.

Zen ist mein favorisierter Weg, um in die Stille zu gehen. Später erzähle ich mehr davon. Hier geht es aber nicht darum, was mir guttut, sondern was Ihnen guttut. Das kann Yoga sein oder Laufen, Meditation oder Massage. Das kann ein spezieller Platz in Ihrer Wohnung sein, ein immer wiederkehrendes Ritual oder eine längere Auszeit. Oder alles davon.

You are hired for your skills and fired for your personality

»Sometimes you just don't like somebody« – manchmal mag man jemanden eben einfach nicht. So lautete Henry Fords II. einziger öffentlicher Kommentar, als er am 13. Juli 1978 Lee Iacocca als Ford-Chef gefeuert hatte, nachdem der immerhin acht Jahre an der Spitze des Autokonzerns gestanden hatte. Der mächtigste und erfolgreichste Manager seiner Zeit, gerade erst hatte er für Ford einen Rekordgewinn von zwei Milliarden Dollar eingefahren, und zack, rausgeworfen. Aus persönlichen Gründen.

Ja, so etwas kann passieren, gerade auch in den höchsten Etagen. Und auch, wenn auf der inhaltlichen Ebene alles passt. Persönlichkeit macht nicht nur Karriere, sie kann sie auch knicken. Die Gründe, die dazu führen können, sind vielfältig, und sie können genauso bei den Gefeuerten verortet sein als auch bei denen, die feuern. Ohne Anspruch auf Vollzähligkeit hier einige der wichtigsten Ursachen:

Neid: Sie sind nicht nur gut auf Ihrer neuen Position, Sie sind sehr gut. Und das spricht sich herum, im Unternehmen oder auch darüber hinaus. Da kann ein Kollege oder Vorstand oder Aufsichtsrat schon mal neidisch werden.

Macht: Durch Ihre Performance werden Sie jemandem gefährlich, der die Möglichkeit hat, gegen Sie zu intrigieren. Sie können noch so Großartiges für das Unternehmen leisten – wenn das denjenigen, der über Ihren Job entscheidet, den Job kosten kann, wackelt Ihr Stuhl.

Misstrauen: Das muss mit nichts Greifbarem zu tun haben, wie bei einem Machtkampf. Es kann auch einfach nur ein Bauchgefühl sein, dass bei jemandem Hintergedanken mit im Spiel sein könnten – und daraus kann sich eine Eskalation entwickeln, die an Verschwörungstheorien grenzt.

Mentalität: Da gibt es etwas, was stört. Sie ergreifen in Meetings immer als Erste das Wort, Ihre Chefin verteilt jederzeit und ungefragt Feedback, Sie brauchen Ruhe, die anderen Trubel oder umgekehrt. Und alles, was stört, kann auch zerstören.

Sie finden weiter hinten ein ganzes Kapitel zu beruflichen Krisen und Scheitern, in dem ich auf solche Herausforderungen ausführlicher eingehe. In diesem Zusammenhang geht es mir darum, wie sehr Ihre Selbstwahrnehmung dazu beitragen kann, dass solche Situationen gar nicht erst entstehen; und wenn doch, lassen sie sich dadurch weit besser lösen.

Bei jeder der oben angeführten Ursachen gibt es in der Regel eine große Differenz zwischen Eigenwahrnehmung und Fremdwahrnehmung. In den meisten Fällen beispielsweise, in denen ein Chef Sie als gefährlich für seine Position wahrnimmt, haben Sie überhaupt nicht die Absicht, an seinem Stuhl zu sägen. Sie sind mit etwas ganz anderem beschäftigt, vermutlich ahnen Sie nicht einmal, dass jemand Sie als potenziellen Putschisten sieht.

Manchmal können Sie an solchen Situationen nichts ändern. Egal, wie Sie sich verhalten, Sie bleiben eine Bedrohung. Aber auch dann hilft es, wenn Sie die Differenz zwischen Eigen- und Fremdbild zumindest erahnen – und sei es auch nur, um sich rechtzeitig nach einem neuen Job umzusehen, der Sie aus einer immer toxischer werdenden Situation befreit.

Aber in der Regel helfen schon weit kleinere Maßnahmen. Wenn Sie wissen, dass Sie eher in sich gekehrt sind, und Ihre Chefin das Gegenteil ist, ist es sinnvoll, diese Differenz auch einmal anzusprechen. Selbstbild und Fremdbild können dadurch näher zusammenkommen, und vielleicht gibt es auch eine einfache Lösung, um Distanz abzubauen.

Oder Sie finden bei sich selbst eine einfache Lösung. Wenn Sie wissen, dass Sie ein emotionaler, impulsiver Typ sind, und wenn Sie wissen, dass Sie damit im Geschäftsumfeld immer wieder anecken, kann es sehr hilfreich sein, wenn Sie nicht jede Mail sofort in Rage beantworten, sondern entweder mit der Antwort oder zumindest mit dem Abschicken erst mal einen Moment warten. Dagobert Duck, als impulsive Ente berühmt-berüchtigt, hat sich in einer Geschichte eines solchen Kniffs bedient: Wenn er merkte, dass er kurz vorm Explodieren war, sagte er ganz langsam »Heu-wä-gel-chen«. Manchmal half es ihm. Manchmal aber auch nicht.

So dürfte es auch bei Ihnen sein: Sie können an der Differenz zwischen Selbst- und Fremdwahrnehmung arbeiten, Sie können mögliche negative Wirkungen Ihrer Persönlichkeit abmildern, aber Sie können Ihre Persönlichkeit nicht einfach wechseln. Sie können sie entwickeln, das ja, und zwar in positive wie in negative Richtung. Aber manchmal wird es eben explodieren.

Aber auch dann kann Ihnen eine gute Selbstwahrnehmung helfen. Indem sie Ihnen rechtzeitig signalisiert, dass auf dieser Position oder in diesem Unternehmen für Sie kein Segen liegt. Wenn Sie merken, dass es über kurz oder lang krachen wird, können Sie sich darauf vorbereiten, indem Sie nach anderen Perspektiven Ausschau halten. Das Gleiche gilt, wenn Sie in Ihrem Unternehmen auf eine Position befördert werden, von der Sie vermuten, diese nicht ausfüllen zu können. Und wenn man das Peter-Prinzip ernst nimmt (»In einer Hierarchie neigt jeder Beschäftigte dazu, bis zu seiner Stufe der Unfähigkeit aufzusteigen«), passiert das eigentlich jedem früher oder später. In diesem Fall ist es besser, die vergiftete Beförderung anzunehmen, und von dort aus einen neuen Job zu suchen, als gleich abzulehnen.

6.
Wie ich Ihre Persönlichkeit sehe

Sie kennen sich seit vielen Jahren. Ich lerne Sie gerade erst kennen. Wir werden uns etwa eine Stunde gegenübersitzen, und danach muss ich genug über Sie wissen, um entscheiden zu können, ob ich Sie an meinen Kunden weiterempfehle oder nicht. In dieser einen Stunde setze ich mich sehr intensiv mit Ihnen auseinander, um Ihre Persönlichkeit und Ihre Eignung beurteilen zu können. Davor: gar nicht. Was immer diejenigen aus meinem Team mit Ihnen gesprochen haben, die Sie vorher kontaktiert und den Gesprächstermin vereinbart hatten, weiß ich normalerweise nicht, wenn ich Sie treffe. Nicht weil mich die Meinung der Leute aus meinem Team nicht interessiert, ganz im Gegenteil. Nach dem Interview werden wir uns zusammensetzen und unsere Erfahrungen mit Ihnen austauschen. Aber ich will nicht voreingenommen sein, ich will außer Ihrem Lebenslauf so wenig wie möglich Vorinformationen haben, bevor ich Sie kennen lerne. Ich setze auf dieses eine Gespräch und bin bisher gut damit gefahren.

Natürlich bekomme ich in dieser einen Stunde nur einige Facetten Ihrer Persönlichkeit mit. Ich weiß nicht, ob Sie einen guten oder schlechten Tag haben, ob Ihr Kind Bauchschmerzen hat oder Sie Liebeskummer. Vielleicht sitzt mir die großartigste Führungskraft des 21. Jahrhunderts, ach!, des ganzen Jahrtausends gegenüber, und ich bemerke es nicht einmal. Wenn Sie das darüber hinwegtröstet, dass ich Sie nicht weiterempfohlen habe, sei's drum. Es gibt viele verkannte Genies in dieser Welt. Sollte es Ihnen allerdings immer wieder passieren, dass die Menschen da draußen Ihre wahre Größe nicht erkennen, sollten Sie zumindest einmal prüfen, ob das vielleicht auch irgendwie an Ihnen liegen könnte.

Eine Stunde Unterhaltung mit Ihnen, und ich entscheide über Ihre Karriere und damit auch über Ihr Leben. Das mag ein bisschen mystisch oder unheimlich klingen, aber es ist nun mal so. Keiner, sagt Malcolm Gladwell, wird ein Meister seines Fachs, wenn er nicht mindestens 10 000 Stunden seines Lebens dafür geübt oder daran gearbeitet hat. Ich führe pro Arbeitstag zwischen zwei und vier solcher Interviews, und das seit etwa zwanzig Jahren. Gladwells 10 000 Stunden kommen da locker zusammen.

Trotzdem: Jedes Gespräch ist anders. Weil jeder Gesprächspartner anders ist, und weil es immer wieder um neue Positionen geht, die zu besetzen sind. Ich will – und muss – mich jedes Mal neu auf jeden Kandidaten konzentrieren. Dabei hilft es mir, eine klare Vorstellung zu haben, wie unser Gespräch ablaufen kann.

Damit habe ich sicherlich einen Vorteil Ihnen gegenüber. Aber eigentlich möchte ich diesen Vorteil gar nicht haben. Ich möchte in diesem Gespräch Sie kennen lernen, und nicht die Version von Ihnen, die Sie sich konstruiert haben, um vor mir möglichst gut dazustehen. Aber leider gehen viele Kandidaten in die Interviews mit einer Art Schere im Kopf hinein; oder mit einem kleinen Männchen auf der Schulter, das sie davor warnt, bloß nichts Falsches zu erzählen. Ich vermute, das liegt nicht so sehr daran, dass die entsprechenden Kandidaten schlechte Erfahrungen mit Personalberatern gemacht haben, sondern eher daran, dass das Verfahren so intransparent ist. Man weiß nicht, was den Ausschlag gibt, und ist deshalb lieber doppelt vorsichtig.

Also, versuchen wir es doch in diesem Kapitel mal mit Transparenz.

Worüber ich wie mit Ihnen rede

Meine Einstiegsfrage bezieht sich auf Ihre Motivation. Warum sitzen wir überhaupt hier? Warum wollen Sie das machen, was mein Kunde gerade sucht, und/oder warum wollen Sie da weg, wo Sie jetzt gerade sind? Dieser Einstieg hat sich als beste Gelegenheit bewährt, um einen Zugang zu meinem Gesprächspartner zu bekommen.

Eigentlich müssten Sie wissen, dass sich mein Kunde vor allem dafür interessiert, wie Sie zu ihm passen, und nicht so sehr, warum Sie Ihren aktuellen Arbeitgeber verlassen wollen. Trotzdem sind viele Gesprächspartner bei der Frage »Was hat Sie denn an der Ausschreibung besonders angesprochen?« relativ schwach aufgestellt. Für mich ist das dann ein klares Indiz, dass sie eher von etwas weg wollen als zu etwas hin.

Die zweite Frage öffnet den Raum hin zu Ihrer Persönlichkeit: Wie sind Sie das geworden, was Sie heute sind? Das ist bewusst offen formuliert. Ich will Ihnen hier viel Freiraum, Interpretationsspielraum lassen. Sie sollen entscheiden, wo es langgeht – ob zu Ihrem Promotionsstipendium oder zu Ihrer Kindheit auf dem Bauernhof. Diese Offenheit zeigt mir, was Ihnen wichtig ist, und sie lässt Ihnen Ihren privaten Bereich.

Manchmal hake ich auch nach, allerdings sehr behutsam. Kürzlich beispielsweise sagte eine Kandidatin: »Ich war die erste Akademikerin in der Familie.« Und das schien ihr wichtig zu sein. Okay. Dieser Satz legt allerdings nahe, direkt danach von der eigenen Herkunft, den Eltern und Großeltern zu erzählen: Was haben die gemacht, wenn sie keine Akademiker waren? Aber die Kandidatin sagte nichts davon, also habe ich nachgefragt.

An dieser Stelle kommt häufig der »Psychologeneinwand«: Wer wie ich Psychologie studiert, wird gerne verdächtigt, den Gesprächspartner »durchschauen« zu wollen; vor allem wenn das Gespräch auf Themen aus der Kindheit kommt. Mit einem »Ich will Sie jetzt nicht auf die Couch legen, aber …« versuche ich diese Spannung aus dem Gespräch zu nehmen. Mich interessiert nicht so sehr Ihre Kindheit an sich, sondern Ihre Persönlichkeit. Und da kann die Kindheit eine Rolle spielen.

In den meisten Gesprächen bewegen sich die Antworten in diesem zweiten Block weitgehend entlang des Lebenslaufs. Das passt gut, denn da muss ich sowieso hin. Ich muss am Ende des Gesprächs Ihren Lebenslauf, wie er jetzt vor mir liegt, verstehen. Also gehe ich nun auf die Punkte ein, die mir darin auffallen: Warum haben Sie alle drei Jahre Ihren Job gewechselt?

Warum sitzen Sie seit zwanzig Jahren auf der gleichen Position? Was ist mit dieser Lücke? Warum kam es an jener Stelle zum Bruch?

Auf all diese Fragen gibt es nicht die absolut richtige Antwort und genauso wenig die absolut falsche Antwort. Es geht um die zu Ihnen passende Antwort. Wenn es in Ihrem Lebenslauf einen Bruch gibt, muss Ihnen das nicht peinlich sein: In jedem Lebenslauf gibt es Brüche. (Und denjenigen, die durch ihr Berufsleben geglitten sind, ohne jemals auf die Nase gefallen zu sein, wäre es in der Regel zu wünschen, sie hätten mal eine Bruchlandung erlitten, allein schon, um sich zu erden.) Sie müssen nur den Bruch erklären können. Sie wissen besser als ich, an welchen Stellen Ihr Lebenslauf Erklärungsbedarf hat. Sie fahren auf jeden Fall besser damit, sich für diese Stellen eine jeweils stimmige Erklärung zurechtzulegen, als mit dem Versuch, die Problemzonen zu überschminken.

Wenn Sie dennoch das mit der Schminke versuchen, sollten Sie auf jeden Fall auch das mit der Erklärung vorbereiten, falls die Schminke verwischt. Ihnen mag es ja wie eine großartige Umleitung um eine Problemzone vorkommen, wenn Sie als Grund für einen Jobwechsel angeben, dass Ihnen da ein Typ vor die Nase gesetzt wurde, mit dem Sie nicht klarkamen. Aber Sie sollten dann trotzdem eine Antwort auf meine Nachfrage haben: Und warum haben nicht Sie diesen Posten bekommen, sondern dieser Typ?

Wohlgemerkt, es geht mir dabei nicht darum, etwas oder gar Sie zu entlarven. Es kann sich da um eine völlig normale Entscheidung und eine völlig normale Erklärung handeln. Es geht eher darum, wie jemand über sein Leben spricht. Über die angenehmen Stellen im Lebenslauf genauso wie über die unangenehmen.

Und dann wüsste ich gerne noch ein bisschen mehr von Ihnen und Ihrer Selbsteinschätzung. Nein, ich werde Sie nicht direkt nach Ihren Stärken fragen und schon gar nicht nach Ihren Schwächen. Ich. Will. Die. Antwort. »Ungeduld«. Nicht. Hören. Ich will überhaupt keine einstudierten Antworten von Ihnen hören. Also stelle ich Fragen, die keine einstudierten Antworten erlauben, sondern persönliche Antworten erzwingen. Zum Beispiel: Welchen Footprint haben Sie in einer bestimmten Jobstation hinterlassen? Gibt es etwas, das Sie irgendwo eingeführt haben und das dort immer noch verwendet wird? Oder: Was ist denn nun genau Ihr USP – und zwar für die Position, um die es gerade geht?

Natürlich können Sie sich auch auf solche Fragen vorbereiten. Sie *sollen* sich ja auf das Gespräch mit mir vorbereiten. Aber diese Vorbereitung wird dazu führen, dass Sie sich öffnen. Und darum geht es.

Und wenn sich jemand nicht öffnen will, weil er ziemlich sicher weiß, dass er mit der wirklichen Geschichte, mit den echten Antworten keine Chance hat? Das kommt immer wieder vor, logisch, der Einsatz ist hoch. Dem perfekten Hochstapler werde ich natürlich nicht auf die Schliche kommen. Aber wer ist schon perfekt? Es kommt in den Interviews häufiger vor, dass ich das Gefühl habe, dass mir gerade jemand was vom Pferd erzählt. Dass der Lebenslauf getürkt ist oder dass die Erfolgsstory bei früheren Stationen zwar im jeweiligen Zeugnis steht, aber nichts mit den wahren Ereignissen zu tun hat. Ich weiß nur zu gut, dass man Zeugnisse nicht immer für bare Münze nehmen kann. Dafür habe ich selbst schon viel zu viele Zeugnisse geschrieben.

Wie gesagt, ich muss niemanden entlarven, ich bin weder die Polizei noch die Steuerfahndung. Ich muss nur wissen, woran ich bin, um meinen Kunden nicht zu enttäuschen. Wenn mir eine Schilderung zu merkwürdig vorkommt, reagiere ich gerne mit: »Ach wirklich? Das kann ich mir kaum vorstellen! Erzählen Sie mir bitte mehr …«, und schaue, ob sich mein Gegenüber in der eigenen Geschichte verheddert. Oder ich mache einen Blitz in mein Notizbuch. Der reicht inzwischen meistens schon aus, um jemanden nicht dem Kunden zu empfehlen: Je älter ich werde, desto konsequenter bin ich, wenn ich bei einem Kandidaten ein komisches Gefühl habe. Das hat allerdings wohl weniger mit dem Alter als mehr mit den gesammelten Erfahrungen zu tun.

Ich bin eklektisch – und das ist auch gut so

Wenn Sie mir im Interview gegenübersitzen, sind Sie ein Individuum, eine Persönlichkeit. Ich versuche, Sie zu verstehen. Was ich dafür brauche, weiß ich anfangs noch nicht. Sie kennen vermutlich den Spruch »Wer als Werkzeug nur einen Hammer hat, sieht in jedem Problem einen Nagel«. Er wird verschiedenen Psychologen (wie Abraham Maslow) und Philosophen (wie Abraham Kaplan) zugeschrieben und beschreibt eine Situation, die ich so gut es geht vermeide.

Ich gehe nicht mit dem Hammer in der Hand auf Sie los und erwarte, dass Sie ein Nagel sind. Ich schaue erst einmal, wer und was Sie sind, und danach weiß ich, ob ich eher einen Schraubendreher oder eine Nagelfeile benutzen sollte. Wenn man mich fragt, welche Instrumente ich bei meinen Interviews einsetze, antworte ich: Ich selbst bin das Instrument.

Natürlich gibt es viele Schulen und Lehrmeinungen in der Psychologie, und jede will, dass man ihr folgt. Aber selbst wenn ein Ansatz in vielen Fällen gut funktioniert, warum sollte ich ihn auch bei Ihnen einsetzen, wenn er dort keine guten Ergebnisse liefert? Mein Ansatz ist nicht ein bestimmter; lieber spiele ich mit vielen Lehren wie auf einer Klaviatur. Aus Philosophie, Psychologie, Management, Therapieformen oder Zen und anderen Bereichen suche ich mir das zusammen, was da passt.

So halte ich es auch sonst häufig in meinem Leben. Bei Vorbildern zum Beispiel: Warum soll ich mir eine ganze Persönlichkeit zum Vorbild nehmen, wenn mich an dieser Person eigentlich nur eine einzelne Eigenschaft fasziniert? Sogar die großen Ikonen unserer Zeit – ob Mutter Teresa, Gandhi oder Obama – haben ihre Macken oder dunklen Seiten. Und bei denen, die keine haben, ist nur noch nicht intensiv genug danach gesucht worden. Da ist es gesünder, sich einzelne passende Seiten zu suchen. Ich muss Markus Söder nicht mögen, um seine Kommunikationsfähigkeit zu bewundern. Und ich möchte nicht meine Hand für Christine Lagardes Währungspolitik ins Feuer legen, aber das Auftreten der EZB-Präsidentin schätze ich: immer sehr sachlich, aber nie hart. Wenn es um das Hirn geht, gerne Marie Curie; und wenn es um die Figur geht, gerne Gisele Bündchen. Anstatt vergeblich darauf zu warten, dass ein Mensch das alles vereint.

Die Verfechter fester Lehrmeinungen nennen eine solche Methode »eklektizistisch« und sie meinen das abfällig. Tatsächlich gibt es einige Bereiche, in denen Eklektizismus bedauernswert schlechte Ergebnisse liefert, weil aus den einzelnen, für sich genommen guten Bestandteilen zusammengesetzt eine Monstrosität wird. In der Architektur beispielsweise, wenn griechische Säulen und romanische Giebel von einer Renaissance-Kuppel gekrönt werden, um der Rolls-Royce-Sammlung des Bauherrn eine standesgemäße Garage zu verpassen.

Aber der Mensch ist nun mal kein Bauwerk. Und jeder Mensch ist anders. Wenn es um das Individuum geht, sehe ich deshalb keine Alternative zu einem am Einzelnen orientierten Eklektizismus. Falls Sie mir also tatsächlich einmal im Gespräch gegenübersitzen und es läuft doch anders ab als hier beschrieben, dann habe ich nicht etwa meine Methode geändert, sondern das *ist* meine Methode.

Karrieretypen

Natürlich verfüge ich dennoch über eine ganze Reihe von Kategorien, unter die Sie fallen können; Schubladen, in die ich Sie stecken kann. Ein Set dieser Kategorien betrifft Ihr Motiv: Warum sitzen Sie mir gegenüber? Ich arbeite dabei mit vier Kategorien. Prüfen Sie selbst, wo Sie sich am ehesten angesprochen fühlen.

	Geht nach außen	Wendet sich nach innen
Ziel: Weiter aufsteigen	Karrierestrategen	Hidden Champions
Ziel: Nicht absteigen	Jobseeker	Hidden Problems

Tabelle 4: Jobkandidaten – mit wem es Headhunter zu tun haben

Karrierestrategen

Sie haben bereits einen Karriereplan für sich selbst gemacht. Und in diesem Plan steht irgendwann demnächst ein Wechsel an: aus dem Stab in die Linie oder aus dem In- ins Ausland oder aus dem Konzern in den Mittelstand oder jeweils umgekehrt; aber auf jeden Fall nach oben. Das Gespräch mit mir ist eine Option für Sie. Geht es gut, sind Sie auf der nächsten Stufe der Karriereleiter, und ich war Ihre Enablerin.

Als Karrierestratege haben Sie für mich einen großen Vorteil: Sie sind ein dankbarer Kandidat. Ich muss Sie nicht erst groß davon überzeugen, dass ein neuer Job für Sie infrage kommt. Das wissen Sie ja schon. Allerdings müssen umgekehrt Sie mich davon überzeugen, dass Sie der Richtige sind. Denn es gibt viele, die ähnlich geplant und strategisch vorgehen wie Sie, und nicht alle davon gehören zu den Besten. Ein gesunder Erfolgswille ist zwar, wie schon gesagt, eine notwendige Bedingung, um ganz nach oben zu kommen. Aber keine hinreichende. Sie müssen schon noch mehr mitbringen. Und ich muss herausfinden, was das ist und ob das zu dem Kunden passt, um den es gerade geht.

Über eins sind Sie und ich uns klar, auch ohne dass es angesprochen werden muss: Als Karrierestratege suchen Sie keinen Job fürs Leben. Sie suchen einen nächsten Schritt auf Ihrem Karrierepfad. Das muss nicht schlimm sein, ganz im Gegenteil. Auf vielen Positionen gibt es ja eher das Problem, dass Leute zu lange in einem Job bleiben.

Es gibt Aufgaben und Positionen, bei denen eine jahrzehntelange Erfahrung und eine möglichst hohe Kontinuität extrem wertvoll sind. Ich denke, meine Position ist eine davon: Egal, was Sie sagen, machen, veranstalten, ich habe so ziemlich alles schon erlebt und weiß damit umzugehen. Aber umgekehrt gibt es eben auch Aufgaben und Positionen, bei denen man nach ein paar Jahren ohne Veränderung anfängt, etwas muffig zu riechen. Wenn man mit Ende 40 noch Vorsitzender einer Jugendorganisation ist, wie einst Egon Krenz bei der SED-Parteijugend FDJ, tut man weder sich noch der Position einen Gefallen.

Ich suche sicherlich niemanden aus, damit er nach kurzer Zeit wieder geht. Aber wenn die Aufgabe, um die es bei der jeweiligen Position geht, nicht auf eine Lebensanstellung ausgerichtet ist, ist es für mich kein Problem, auch jemanden mit großer Veränderungsbereitschaft zu empfehlen.

Hidden Champions

Sie hatten es nicht auf dem Zettel, mir gegenüberzusitzen. Sie waren in keiner Weise auf der Suche nach einer neuen Perspektive und ehrlich überrascht, als meine Agentur Kontakt zu Ihnen aufgenommen hat. Ein Stück weit hat Sie Ihre Neugier dazu gebracht, sich überhaupt auf das Gespräch mit mir einzulassen. Es kann Ihnen ja nicht schaden, sich von einer Headhunterin erzählen zu lassen, was da draußen so auf Sie warten könnte.

Ich gebe es zu: Kandidatinnen wie Sie sind mir die liebsten. Denn Sie fordern uns alles ab, was zum wirklichen Headhunting gehört. Wir müssen Sie aufstöbern, wir müssen Ihre Neugier wecken, wir müssen Ihnen etwas schmackhaft machen, an das Sie vorher gar nicht gedacht hatten, und wir müssen oft auch nach dem Interview noch darum kämpfen, dass der Deal tatsächlich zustande kommt.

Wenn Sie genau das richtige Profil haben, das mein Kunde sucht, wäre es doch jammerschade, wenn Sie davon niemals etwas erfahren, nur weil Sie gerade leidlich zufrieden in Ihrem aktuellen Job sind. Und wenn ich das gute Gefühl habe, dass mein Kunde auch wirklich den richtigen Job für Sie hat, dann kann ich geradezu zur Verkäuferin werden. Ich eröffne Ihnen eine Option, von der ich vermute, dass sie Ihr Leben zum Besseren verändert, und ich werbe bei Ihnen dafür.

Manchmal werbe ich auch beim Kunden für Sie, sogar über die Empfehlung hinaus. Denn bei Hidden Champions wie Ihnen kommt es relativ häufig vor, dass nach dem Gespräch noch Komplikationen auftreten, zum Beispiel weil Sie vor dem Sprung ins kalte Wasser zurückschrecken, oder weil Ihr Partner keine Lust auf einen Umzug hat. Da sage ich dem Kunden schon mal: »Wenn wir die wollen, müssen wir kämpfen.«

Dass ich Sie als Hidden Champion in der weiblichen Form anspreche, ist übrigens genauso wenig Zufall wie die männliche Form bei den Karrierestrategen. Unter denen, die Ihre berufliche Laufbahn minutiös planen, sind die Männer überrepräsentiert. Und diejenigen, die gar nicht an einen Karriereschritt denken, obwohl er passen könnte, sind mehrheitlich Frauen.

Woher kommt diese Geschlechterdifferenz? Ich glaube, die Antwort ist ebenso einfach zu geben wie das Problem schwer zu ändern: Männern fällt es leichter, nach dem Studium die nächsten Jahrzehnte aus Karrieresicht zu planen, weil ein Kind ihre Karriere nicht unterbricht. Als Frau können Sie zwar Ihre Karriere genauso planvoll angehen, aber sie wird nun mal noch immer weitaus häufiger unterbrochen als bei Männern.

Dazu kommt noch eine Generationendifferenz. Bei älteren Kandidaten, so von 50 aufwärts, ist deutlich zu erkennen, dass die Männer deutlich stärker auf Karriere gepolt sind. Bei jüngeren Männern hingegen merkt man schon die (sehr langsame) gesellschaftliche Transformation der Geschlechterrollen. Das mit dem »Ich gehe arbeiten, du bleibst bei den Kindern« funktioniert so nicht mehr. Zudem hat die Corona-Pandemie auch bei beiden Geschlechtern mit dazu geführt, dass sie mehr Zeit zu Hause verbringen.

Die männlichen Gene haben sich in den letzten Jahren bestimmt nicht verändert. Aber offensichtlich die Kultur. Es wird spannend, wie nachhaltig und langfristig das sein wird.

Jobseeker

Bei Ihnen hat die Weichenstellung bereits stattgefunden. Ob beruflich oder privat, jedenfalls ist etwas passiert, was Ihren bisherigen Job infrage stellt, beenden wird oder bereits beendet hat. Sie haben kürzlich Ihr LinkedIn-Profil erstmals seit Langem wieder aktualisiert, Sie haben sich bei mindestens einem Online-Jobportal einen Account angelegt und Sie sind jetzt auf der Suche nach einem neuen Job, der zu dieser gestellten Weiche passt. Und ich soll Ihnen dabei helfen.

Wenn Sie mir im Gespräch gegenübersitzen, sind Sie ein Kandidat wie alle anderen auch. Sie haben gegenüber Kandidaten aus den anderen Kategorien sogar einen großen Vorteil, den ich dem Kunden auch immer herausstelle: Sie sind sofort verfügbar. Manchmal gibt es Positionen, in denen die Verfügbarkeit das entscheidende Kriterium ist, dann haben Sie gute Karten. In den meisten Fällen geht es jedoch eher darum, die Kandidaten herauszufinden, die am besten für die jeweilige Position geeignet sind. Und dann haben Sie zumindest keine schlechteren Karten als andere, denn diese Eignung hängt nicht davon ab, ob Sie auf dem Arbeitsmarkt gerade frei sind oder nicht.

Die Wahrscheinlichkeit ist allerdings groß, dass ich Sie gar nicht erst im Gespräch kennen lerne. Denn als Jobseeker gehören Sie zu der einzigen Kategorie, die sehr aktiv und ungefragt zu mir Kontakt aufnimmt. Die mir einen Lebenslauf schickt und mir mitteilt, dass sie für was auch immer zur Verfügung steht. Vermutlich wissen Sie, dass das Geschäftsmodell von Headhuntern nicht darauf basiert, Ihnen einen Job zu verschaffen, sondern darauf, Unternehmen dabei zu helfen, offene Positionen mit den richtigen Personen zu besetzen. Am Ende werden wir von den Unternehmen bezahlt, nicht von Ihnen. Aber wenn Sie einen neuen Job brauchen, warum nicht auch das versuchen?

Ich überfliege alle diese Kontaktaufnahmen, und da meine Agentur noch überschaubar genug ist, dass ich alle aktuell laufenden Projekte im Kopf haben kann, fällt mir auch auf, wo etwas ansatzweise passen könnte. Das verteile ich an die jeweils mit diesem Projekt betrauten Mitarbeiter. Wenn die auch finden, dass da etwas passen könnte, werden wir Sie kontaktieren. Und wenn nicht, erhalten Sie die Antwort, dass wir Sie in unsere Datenbank aufnehmen.

Das klingt besser, als es ist. Denn aus dieser Datenbank mit einigen Zehntausenden Profilen führt nur sehr selten ein Weg in ein Auswahlgespräch. Bei Dating-Portalen mag das so funktionieren, aber im Headhunting werden Profile, die gestern nicht gepasst haben, meist auch morgen nicht passen.

Das muss noch lange nicht gegen Sie sprechen. Oft ist es ja auch Pech, was einen aus der Bahn und dann auch aus der beruflichen Laufbahn wirft: ein fieser Chef, eine Krankheit, eine Scheidung. Aber spätestens beim zweiten derartigen Pech sollten Sie sich fragen, ob dieses Pech vielleicht auch irgendetwas mit Ihnen zu tun hat.

Am besten schon beim ersten Mal. Ein Karrierebruch ist so etwas wie ein Herzinfarkt: ein Schuss vor den Bug, ein Warnzeichen, dass da etwas nicht stimmt. Sie sollten auf jeden Fall ernsthaft prüfen, was dieses »etwas« sein könnte. Und es ist sicherlich eine gute Idee, wenn Sie dabei auch jemanden zu Rate ziehen, der das aus der Distanz sehen und beurteilen kann. Partner, Freunde, Ex-Kollegen, Spezialisten wie Karrierecoaches und/oder Outplacementberater.

Aber, bitte, keine Headhunter! Die Vorstellung, dass ich Sie in dieser Rolle wieder auf die richtige Spur setze, und das auch noch kostenlos, ist unrealistisch.

Sie sind, wie es bei den Ingenieuren so treffend heißt, ein »Accident waiting to happen«. Sie haben noch gar nicht gemerkt, dass sie beruflich demnächst ein Problem bekommen. In dieser Kategorie gibt es eine Variante, mit der wir immer wieder zu tun haben, obwohl wir es gerne vermeiden würden: wenn Kandidaten für eine Position gesucht werden, die noch besetzt ist. Und wo derjenige, der auf dieser Position sitzt, gar nicht weiß, dass schon ein Nachfolger für ihn gesucht wird.

Für mich ist das vor allem unpraktisch: Schließlich darf ich dann in Gesprächen mit Kandidaten nicht sagen, um welches Unternehmen es wirklich geht. Ich muss dann bei der Sprachregelung bleiben, die meine Mitarbeiterinnen in den Anbahnungsgesprächen verwenden. Dann spreche ich eben über die »Leitungsfunktion bei einem spannenden Technologieunternehmen im Raum München« und erst, wenn es zum Vorstellungsgespräch direkt beim Kunden geht, erfahren die Kandidaten, um welches Unternehmen es sich handelt. Gerade bei den besten Kandidaten erhöht eine solche Geheimniskrämerei nicht gerade die Bereitschaft, sich auf unser Abenteuer einzulassen.

Aber es gibt natürlich auch Hidden Problems in meinen Gesprächen. Ein typisches Zeichen dafür ist es, wenn Sie mir sagen, dass Sie »alles erreicht haben«, was Sie in Ihrer aktuellen Position erreichen können. Dass an dieser Aussage irgendetwas nicht stimmen kann, merken Sie vermutlich selbst: Wenn »alles erreicht« bedeutet, dass Sie erfolgreich waren, müsste ja auch in Ihrem aktuellen Unternehmen jemand auf die Idee kommen, dass Sie auch noch mehr auf anderen Positionen leisten könnten. Und wenn »alles erreicht« bedeutet, dass Sie rundum zufrieden mit Ihrer aktuellen Position sind, warum sitzen Sie dann überhaupt hier?

Ich sehe in solchen Äußerungen deshalb eher ein unterbewusstes Signal dafür, dass da jemand versucht zu gehen, bevor es ein Problem gibt. Was ein sehr guter Ansatz ist. Wenn man ein paar Jahre bei einem Unternehmen wie Wirecard gewesen ist, sieht es nun mal eindeutig besser aus, wenn man schon ein Jahr vor der Pleite das Unternehmen verlassen hat.

Ein anderes Problem, das Sie haben könnten, ohne es zu wissen, kann ich in Ihrem Lebenslauf erahnen und mit ein, zwei Fragen herausfinden: die Opferrolle. Wenn es da ein- oder gar mehrmals einen Jobwechsel in Ihrem Lebenslauf gibt, der mit einer Umstrukturierung in dem betreffenden Unternehmen zusammenfällt, scheinen Sie zu denen zu gehören, auf die in einer solchen Situation verzichtet werden kann. Vielleicht haben Sie ja auch selbst schon gemerkt, dass es da ein Problem gibt, und könnten dann versuchen, einfach so drüber wegzugehen. Aber Sie müssen nicht meinen, dass mir das nicht auffällt. In jedem Fall wäre es dann besser, wenn Sie nicht so sehr versuchen, mich zu überzeugen oder zu übertölpeln, sondern es für sich selbst reflektieren: Warum trifft es immer Sie? Und wie können Sie das künftig verhindern?

Welche Persönlichkeit macht denn nun Karriere?

Ich habe Ihnen Transparenz versprochen in diesem Kapitel. Nicht dass die anderen Kapitel intransparent wären, aber in diesem geht es nun einmal direkt um mich, meinen Beruf und meine Gespräche mit Kandidaten. Und ich vermute, für die völlige Transparenz fehlt Ihnen hier noch etwas. Nämlich die Enthüllung des Geheimnisses, was nun wirklich besonders gut bei mir beziehungsweise meinen Kunden ankommt. Okay, versuchen wir's.

Meine erste und wichtigste Antwort darauf kennen Sie bereits: Ihre Persönlichkeit macht Karriere. Versuchen Sie nicht, vermeintlich erwünschte Eigenschaften vorzugaukeln und scheinbar unerwünschte Eigenschaften zu verstecken. Ich versuche bei meinen Suchen, den »Perfect Fit« zwischen Position und Person zu erreichen. Da hilft es mir genauso wenig wie Ihnen, wenn mir statt der Person nur ein Traumbild gegenübersitzt. So wie ich meinen

Kunden ihren Traum ausrede, eine eierlegende Wollmilchsau nach Holzwickede locken zu können, möchte ich auch Ihnen gerne ausreden, sich als Superman oder Superwoman zu präsentieren. Seien Sie Sie selbst. Wenn Ihnen Ihre Persönlichkeit nicht gefällt, arbeiten Sie daran. Aber nicht für mich, sondern für Sie.

Ich vermute, dass Ihnen diese Antwort nicht ausreicht. Womöglich weil Sie Ihrer Persönlichkeit deutlich mehr Karriere zutrauen, als Sie bislang gemacht haben. Da falle mir doch bestimmt etwas ein, worauf Sie in Zukunft besser achten könnten. Nämlich, siehe oben, die Enthüllung des Geheimnisses, was nun wirklich besonders gut bei mir beziehungsweise meinen Kunden ankommt. Okay, versuchen wir's noch mal.

Es gibt nicht die eine Eigenschaft, die notwendig ist, um Karriere zu machen. Alles ist möglich: Sie können als emotionaler Familienmensch genauso eine Chance haben wie als egozentrischer Autist. Und es gibt auch nicht die eine Eigenschaft, die ein Totschläger wäre und jede Karriere verhindert. Asoziale Stinktiere können es ebenso ganz nach oben schaffen wie langweilige Bürokraten oder sanfte Altruisten. Sicherlich nicht zur gleichen Zeit im gleichen Unternehmen, aber es gibt so viele verschiedene Unternehmen in so vielen verschiedenen Situationen, da lässt sich nichts ausschließen.

Zudem sind auf unterschiedlichen Ebenen der Karriere auch unterschiedliche Eigenschaften wichtig oder gar entscheidend. Es wird völlig unterschätzt, wie groß der Unterschied zwischen Mittel-Management und Top-Etage ist. Das ist eine ganz andere Liga. Da kann mir jemand gegenübersitzen, der bislang in der zweiten Liga Spitzenleistungen bringt, dem ich aber nicht zutraue, eine ähnliche Leistung auch in der ersten Liga oder gar in der Champions League zu schaffen. Es kommt also ganz drauf an. Und bevor Sie versuchen, sich hier an etwaige Erfolg versprechende Eigenschaften anzupassen und dabei zu verbiegen, seien Sie lieber Sie selbst und suchen nach der Nische, in der Sie damit Erfolg haben.

Hier ein paar von den üblichen verdächtigen karrierefördernden Eigenschaften und was ich davon halte. Zu jeder davon haben Psychologen schon ganze Bücher geschrieben. Ich fasse mich kürzer.

Beharrlichkeit ist extrem wichtig. Wie sagte schon Winston Churchill: »Erfolg ist, einmal mehr aufstehen als man hingefallen ist.« Beharrlich ist man, wenn man Strecke macht, wenn man durchhält, sich nicht gleich entmutigen lässt, auch weitermacht, wenn es schwierig ist, dranbleibt und wieder von vorne anfängt, wenn es sein muss. Und so oft, wie man gerade in großen Unternehmen wieder von vorne anfangen muss, muss man statt von Beharrlichkeit eigentlich schon von **Frustrationstoleranz** sprechen. Wenn Sie die haben und in Ihrer Position brauchen: wunderbar. Aber wenn Sie das nicht durchhalten, halte ich es für besser, Sie suchen sich ein anderes Umfeld, in dem es nicht so sehr darauf ankommt, einstecken zu können, sondern nach vorne zu gehen.

Resilienz oder psychische Widerstandsfähigkeit ist seit der Finanzkrise von 2008/09 geradezu ein Modebegriff geworden, was sich in der Corona-Pandemie noch einmal verstärkt hat. Es bedeutet, dass man negativen Einflussfaktoren von außen standhält und sich selbst kontrollieren und führen kann. Und das heißt nicht nur, Nackenschläge wegstecken zu können, sondern danach anders und besser wieder aufzustehen, als man vorher war. So wichtig es ist, sich in Existenzkrisen anpassen und behaupten zu können, mir erscheint es vor allem wichtig, dass man sich in allen Situationen anpassen kann – kann, nicht muss.

Adaptivität und Flexibilität sind deshalb für mich die noch wichtigeren Eigenschaften in diesem Bereich. Dazu gehört, für sich selbst eine Orientierung zu haben, aber sich trotzdem den täglichen, wöchentlichen Krisen und Katastrophen anpassen zu können. Die ständigen Schocks und Achterbahnfahrten, denen viele Unternehmen durch die Pandemie ausgesetzt waren, haben die Adaptivität aus einer Nice-to-Have-Nische ins Zentrum der karrierefördernden Eigenschaften gespült. Wer sonst kommt schon damit klar, wenn so viel so schnell und so oft umgestülpt wird? Diese Eigenschaft ist bei jüngeren, digital aufgewachsenen Jahrgängen deutlich stärker verbreitet als bei der analogen alten Garde, was den Generationenwechsel im Management wohl beschleunigen wird.

Optimismus ist immer gut. Mit einer positiven, optimistischen Grundeinstellung machen Sie sich und Ihren Leuten das Leben leichter. Wenn dazu noch eine ähnlich positive, kraftvolle Ausstrahlung kommt, entsprechen Sie schon fast dem Klischeebild der erfolgreichen Führungskraft. Der stärkste Widerstand, den Sie in Ihrer Karriere zu überwinden haben, kommt vermutlich von neidischen Vorgesetzten. Das kann selbst die beste Laune vermiesen und sollte dann für Sie Anlass sein, sich nach einem positiveren Umfeld umzuschauen.

Authentisch sein klingt auch gut, ist aber umstritten. Denn da gibt es gleich zwei Haken: Ich könnte verletzen und ich könnte verletzt werden. Authentizität bedeutet, dass ich meiner selbst bewusst bin. Je mehr ich das bin, desto wichtiger ist es, dass ich vorsichtig damit umgehe. Wenn Sie wissen, dass Sie eigentlich reden, wie Ihnen der Schnabel gewachsen ist, sollten Sie sich dennoch in einigen Jobsituationen zurückhalten, in denen höfliche Diplomatie zielführender sein dürfte als harsche Offenheit. Als Führungskraft haben Sie auch eine Rolle einzunehmen, und da geht es nicht immer darum, authentisch zu sein. Umgekehrt kann Authentizität Sie angreifbar machen: Wer sich so zeigt, wie er ist, offenbart damit auch seine Schwachpunkte. Je aggressiver die Kultur in Ihrem Unternehmen ist, desto riskanter wird es, authentisch zu sein.

Empathie ist die Zeitgeist-Karriereeigenschaft schlechthin. Früher nannte man jemanden, der empathisch ist, eher »Weichei«, und Weicheier machten keine Karriere. Heute gilt, man müsse als Führungskraft viel empathischer sein als früher, entsprechend niedriger im Kurs steht die frühere Chefqualität der Durchsetzungsstärke. Der Begriff Empathie ist aber mehr als nur Mode. Eine Qualität in dieser Richtung werden wir auch weiterhin brauchen. Empathisch ist ja nicht gleich weich und nett, es geht eher darum, dass man sich einfühlen kann. Wann müssen Sie mit jemandem vorsichtiger agieren, wann mehr Nachdruck machen? Je jünger die Mitarbeiter, desto mehr wird das verlangt: Wer aus der Generation 20 plus möchte denn von einem »durchsetzungsstarken« Choleriker geführt werden? Früher gehörte das dazu: Auch mal jemanden vor versammelter Mannschaft schlachten, um von den anderen noch mehr anerkannt zu werden. Aber das ändert sich gerade.

Analytische Fähigkeiten waren, sind und bleiben wichtig im Management. Aber das eigentliche Erfolgsrezept ist die **Kombination aus analytischen und kommunikativen Fähigkeiten**. Als Einzelangebot haben beide Qualitäten Freunde und Feinde. Für viele ist Kommunikation typisch für Vertriebler, die einen ohne Pause zutexten. Und die reinen Analytiker, das sind die zahlengetriebenen Nerds, die den realen Wald vor lauter Datenbäumen nicht sehen. Aber die Kombination dieser beiden Qualitäten, die macht Karriere. Gerade weil sie nicht sehr häufig vorkommt: Wer kann schon sowohl verstehen als auch verkaufen? Wenn Sie das können, haben Sie in vielen Jobs gute Chancen.

Und überhaupt: **Kombinationen!** Wenn Sie nur ein Gebiet beherrschen, wird es schwer, ganz an die Spitze zu kommen. Dafür gibt es zu viele, die sich direkt mit Ihnen vergleichen und Sie überflügeln können. Wilde Mischungen hingegen haben Sie ziemlich sicher für sich alleine. Das kann auch zu wild und schräg sein, wie jener bedauernswerte Typ, von dem die »Erste Allgemeine Verunsicherung« sang, er habe »Schwarzeneggers Hirn, und von Einstein die Figur«, aber in jedem Fall haben Sie das Spielfeld für sich. Ich kenne da jemanden, der Ihnen vorkommen würde wie die perfekte Mischung aus Tiroler Skilehrer und amerikanischem CEO. Und was ist er von Beruf? Erfolgreicher Unternehmenslenker.

Und zum guten Schluss dieses Kapitels habe ich für Sie hier noch drei karriereverhindernde oder zumindest -knickende Eigenschaften:

Am fatalsten ist **Unehrlichkeit** – die anderen belügen oder betrügen, um selbst einen Vorteil zu erlangen. Im linken Spektrum wird zwar manchmal behauptet, so sei der Kapitalismus eben, aber nach vielen Jahren mitten im Kapitalismus kann ich Ihnen versichern: Nein, die Wirtschaft hasst Unehrlichkeit. Natürlich könnte Ihnen ein solches Verhalten kurzfristig einen Vorteil verschaffen, und vielleicht sogar einen Karriereschritt, aber irgendwann tritt zutage, was Sie da veranstaltet haben. Und das war's dann mit der Karriere: Wenn man Ihnen nicht vertrauen kann, warum sollte man dann überhaupt noch mit Ihnen arbeiten oder gar Geschäfte machen?

Auch nicht gut ist zu viel **Eitelkeit**. Ein bisschen davon haben wir alle, und auf den Chefetagen gibt es davon vielleicht auch noch ein bisschen mehr, aber man tut sich und den anderen damit keinen Gefallen. Sie mögen wichtig sein, ja. Aber andere sind auch wichtig. Und Sie sind nicht Gott. Unterschätzen Sie die Menschen nicht, mit denen Sie zu tun haben. Spätestens wenn Eitelkeit in Hybris umschlägt, wird sie zum Karrierehindernis. Und erschwert außerdem die Resozialisierung, falls Sie mal wieder in einem Leben ohne Chauffeur und Vorzimmer landen sollten.

Und natürlich mein stetiges Thema: zu wenig oder gar **keine Selbstreflexion**. Wenn Sie sich selbst nicht kennen, wenn Sie kein Gefühl dafür haben, wie Sie auf andere wirken, bringen Sie schnell Menschen gegen sich auf, wo es überhaupt nicht nötig wäre. Es spricht nichts dagegen, Leute aufzubringen, wenn es das wert ist. Aber einfach so, nur weil Ihnen die Antenne für sich selbst fehlt, das hilft niemandem, und Ihnen schon gar nicht.

Nun kehren wir aber wieder zu derjenigen Person zurück, die Sie noch viel mehr interessiert: Sie selbst.

7.
Und wenn meine Persönlichkeit keine Karriere macht?

Ihre Persönlichkeit macht keine Karriere, sagen Sie. Da muss ich nachfragen.

Wissen Sie das? Im Sinne von: Ich habe das schon ausprobiert, ich habe mich intensiv damit beschäftigt, ich habe verschiedene Szenarien durchgespielt, mich mit Vertrauten und Experten beraten. Karriere machen passt nicht zu mir?

Oder: Meinen Sie das nur? Im Sinne von: Es könnte mein Leben verändern oder auch mich, und will ich das überhaupt, und es hat mich noch keiner gefragt, und wenn mich jemand fragen würde, wüsste ich nicht, ob ich mir das zutrauen würde?

Wenn Sie es wissen, frage ich mich zwar, warum Sie überhaupt bis hierher im Buch gekommen sind, aber okay, Ihre Entscheidung. Dann empfehle ich Ihnen, diesen Abschnitt hier auszulassen und erst ab »Ist Karriere überhaupt sinnvoll?« weiterzulesen. Dann sollte auch für Sie wieder etwas Interessantes dabei sein.

Wenn Sie es nur meinen, sind Sie mit 80- bis 90-prozentiger Wahrscheinlichkeit eine Frau. Also lassen Sie uns hier, und nur hier, einmal von Frau zu Frau reden. (Sollten Sie doch ein Mann sein, blättern Sie weiter oder bleiben Sie dabei, wie Sie mögen. Es geht nur jetzt gerade eben nicht um Sie.)

Also, mal so unter uns Pfarrerstöchtern. Ich habe mit dem Thema ja häufig beruflich zu tun, und ich kenne alle diese Zweifel und Einwände. Selbst wenn alle wahr sein sollten: Nichts davon hält Sie ab, Karriere zu machen. Männer müssen bei ihrer ersten Führungsposition genauso ins kalte Wasser springen wie Sie, und von Selbstzweifeln ist vermutlich niemand frei. Am wenigsten die nassforschen Egomanen, die so tun, als seien sie die Größten, die Schönsten, die Stärksten, und wüssten ohnehin alles besser. Das ist alles Imponiergehabe, wie vom Gorilla bis zum Gockel überall in der Tierwelt üblich. Ein bisschen können einem die Männchen ja leidtun, dass sie das in den Genen haben: Über Jahrtausende immer wieder den Kampf um Platz eins in der Hackordnung des Rudels, und weil der Platzhirsch die meisten Weibchen abbekommt, haben sich die Platzhirschgene eben in der Evolution durchgesetzt.

Gut, so geht es in der Natur zu. Aber nicht in der Kultur. Nicht jetzt. Und nicht hier. Wir haben Sozialstaat, nicht Sozialdarwinismus, wir haben Polizei und Pfefferspray, wenn uns jemand dumm kommt, und wir haben verflucht gute Argumente, warum wir den Laden mindestens so gut, wenn nicht sogar besser managen können als die Testosteronabteilung. Wir als Frauen. Und Sie persönlich. Im Kapitel »Erwartungen an Manager heute« habe ich schon erläutert, wie sehr typischerweise auf Frauen bezogene Eigenschaften in den Führungsetagen von heute und noch mehr in denen von morgen gebraucht werden. Sie müssen nicht auf den Märchenprinzen warten, der Sie in die Vorstandsetage geleitet. Es ist umgekehrt: Die da in der Vorstandsetage warten eigentlich auf eine wie Sie. Geben Sie sich selbst das Geleit.

Zwei Ängste möchte ich Ihnen noch nehmen, die früher durchaus ihre Berechtigung hatten, aber inzwischen immer weniger ein Thema sind. Erstens: allein unter Männern. Zweitens: Wenn ich's vermassle, vermassle ich's auch für alle Frauen, die nach mir kommen könnten.

1. Sie sind nicht mehr allein unter Männern. In den meisten Unternehmen haben wir inzwischen eine kritische Masse erreicht. In ziemlich genau der Hälfte aller deutschen Börsenunternehmen gibt es mindestens eine Frau im Vorstand, so die Zählung des Allbright-Berichts vom Herbst 2021 – eine Steigerung um 12 Prozentpunkte in nur einem Jahr! Erst recht auf den Ebenen darunter gibt es fast überall schon mindestens eine Frau. Wenn Sie noch dazukommen, sind Sie schon zu zweit. Auch in den Köpfen der Vorstände und Personalchefs ist das Frauenthema durch. Unter meinen Kunden gibt es viele, die sich explizit mindestens eine Frau unter den Vorschlägen für eine zu besetzende Position wünschen. Es gibt sogar Aufträge, mal zu recherchieren, was es denn da so überhaupt an infrage kommenden Frauen für Führungspositionen in einem Unternehmen gibt, so als möchte man sich schon mal eine Reserve aufs Lager legen.

Es muss deswegen für Sie nicht in jedem Fall einfacher werden: Wenn Sie im falschen Umfeld sind und in eine Männerrunde hineinkommen, kann es Ihnen immer noch passieren, dass Sie fertiggemacht werden. Und sei es auch nur, damit die Herren auch in Zukunft beim Messebesuch unter sich bleiben, um dann am Abend mal so richtig die Sau rauslassen zu können. Klar, da würden Sie stören. Aber auch klar: Solche Typen sind die Pest für jedes Unternehmen.

2. Sie müssen nicht mehr Pionierin sein. Sie stehen auf den Schultern von Riesinnen. Sie müssen nicht mehr ausfechten, dass Frauen auch führen können, wir leben im 21. Jahrhundert. Sie sind nicht mehr in der Situation einer Marie Curie oder Lise Meitner, die schon zu einer Zeit an der Berliner Universität mit radioaktiven Materialien forschte, als an Preußens Universitäten Frauen offiziell noch gar nicht zugelassen waren. Und als 1944 Otto Hahn den Nobelpreis für die Entdeckung der Kernspaltung bekam, ging Meitner leer aus, obwohl die beiden nun wirklich alles, alles zusammen entdeckt hatten.

Nein, Sie sind eher in der Situation einer Emmanuelle Charpentier oder einer Jennifer Doudna. Beide sind Professorinnen für Biologie, beide haben 2012 gemeinsam die erste praktisch anwendbare Gen-Schere entdeckt (CRISPR/Cas9) und beide haben gemeinsam 2020 den Nobelpreis bekommen. Und das ist heute alles völlig normal.

Und Sie sollen nicht mal einen Nobelpreis gewinnen, es geht nur um eine Führungsposition in einem von vielen Tausend Unternehmen. Da müssen Sie sich nicht den Ballast auf die Seele packen, dass Sie eventuell für die nächsten Generationen ein schlechtes Vorbild abgeben könnten. Wirklich nicht.

Entschuldigung, aber das musste jetzt mal gesagt werden. Mir geht es jetzt besser. Ich hoffe, Ihnen auch.

Ist Karriere überhaupt sinnvoll?

»Warum soll ich wie ein Trottel mit den anderen im Kreis fahren?«, fragte sich Niki Lauda im September 1979, nachdem er zuvor acht Jahre genau das gemacht hatte. Vor einer solchen Situation stehen viele von uns irgendwann mal im Berufsleben, auch wenn sie nicht schon zweimal Formel-1-Weltmeister geworden sind. Warum mache ich das überhaupt, was ich da mache? Warum stehe ich jeden Morgen auf und arbeite? Warum tue ich mir das alles an?

Sicher, in vielen Fällen heißt ein Teil der Antwort: Weil ich das Geld zum Leben brauche. Aber gerade, wenn es um die Entscheidung geht, eine Führungsposition anzustreben oder nicht, kann es nicht darum gehen, ob Sie sich auch morgen noch Ihr Frühstücksbrot kaufen können. Das könnten Sie so oder so. Nicht dass es auf die Vergütung nicht ankäme: Ein bisschen Schmerzensgeld möchten Sie ja schon dafür bekommen, dass Sie keinen geregelten Feierabend mehr haben und durch das Gehalt »alle Überstunden abgegolten« sind, wie es normalerweise in Managerarbeitsverträgen steht. Aber Sinn ist anders definiert. Da geht es um Inspiration, um Gestaltungsfreiheit, darum, etwas bewirken zu können.

Es gibt, zugegeben, gute Argumente, warum eine Führungsposition nicht unbedingt das Sinn-Nonplusultra ist. Oft hat ein Managementjob etwas von einem Goldenen Hamsterrad: Wenn Sie Glück haben, sind 20 Prozent Ihres Jobs richtig großartig, der Rest verteilt sich etwa gleichmäßig zwischen echt mühsam und reiner Routine. Man kommt zu vielem anderen nicht mehr, zu dem man Lust hätte, beziehungsweise Lust haben würde, wenn man überhaupt daran denken könnte. Und der eigene Blick verengt sich sehr stark auf alles, was mit dem Job zu tun hat: Wenn Sie Vertriebsleiter für Zahnseide sind, sehen Sie die Welt nicht so sehr mit Ihren eigenen Augen, sondern mit Zahnseide-Augen. Und natürlich kann man dabei auch verblöden. Wie schon Niki Lauda sagte, ist man dann ein Trottel wie die anderen.

Aber wie Sie vielleicht wissen, ging die Geschichte bei Niki Lauda dann doch ganz anders weiter. Drei Jahre nach seinem Rücktritt trat er wieder an, fuhr noch vier Formel-1-Saisons und beendete eine davon noch einmal als Weltmeister. Und als die Fahrerkarriere vorbei war, machte Lauda als Berater für Formel-1-Rennställe weiter und hängte dann noch mal zwei Jahrzehnte als Co-Moderator bei Rennübertragungen dran. Erst 2017 zog er sich endgültig aus der Formel 1 zurück – 38 Jahre nach seinem Trottelspruch.

Das kann Ihnen auch passieren. Dass Sie in einer Tätigkeit aufgehen, dass Sie in Ihrem Beruf einen Sinn finden, den Sie vielleicht ursprünglich dort gar nicht vermutet hätten. Und wenn einem das mit Autorennen passieren kann, warum nicht auch mit Zahnseide?

In einer weiteren Dimension der Sinnfrage sieht so ziemlich jeder Job schlecht aus: im Vergleich mit den eigenen Träumen. Was hatten Sie sich nicht alles vorgestellt, was aus Ihnen mal werden könnte! Und wovon träumen Sie immer noch? Ehrlich, dagegen kommt keine Realität an.

Ich will Sie nicht vom Träumen abhalten, ganz im Gegenteil: Träume können einen Menschen ja auch beflügeln. Sie können Ihnen ein Ziel setzen, sie können Sie im Leben eine Stufe weiter bringen, sie können Ihnen dabei helfen, die beste Version Ihrer selbst zu werden. Hätte Heinrich Schliemann nicht schon als kleiner Junge davon geträumt, eines Tages einmal Troja zu entdecken, wäre der sagenumwobene Ort aus Homers Ilias vielleicht bis heute nicht gefunden worden.

Wenn ein Traum Ihnen zeigt, dass Sie lieber jemand anders sein wollen, dass Sie gerne etwas anderes machen würden als das, was Sie tun: Prüfen Sie, ob das geht. Man kann viel erreichen, wenn man es wirklich will. Aber wenn Sie als Tischler davon träumen, in Hollywood groß rauszukommen, wäre es vermutlich besser, wenn Sie sich ehrlich eingestehen, dass dieser Traum nur der Realität im Weg steht. Er macht aus Ihnen keinen Schauspieler, aber eventuell einen schlechteren Tischler, als Sie es sein könnten.

Was sind die Alternativen?

Es kann passieren, dass man ernüchtert feststellt: So wird das nichts mit mir und der Karriere. Wenn Sie aus dem Personalentwicklungsgespräch herauskommen und Ihnen mehr oder weniger deutlich klargemacht wurde, dass es in diesem Unternehmen jedenfalls keine weitere Entwicklung für Sie geben wird. Wenn jemand aus Ihrem Team an Ihnen vorbei befördert wurde, obwohl Sie doch eigentlich weit besser geeignet gewesen wären. Wenn Ihre Chefin geht, für die Sie alles gegeben hätten, und ein alter Stinkstiefel an ihre Stelle tritt. Wenn Ihnen auffällt, dass Sie nach der Arbeit erst mal eine Flasche Wein brauchen, und das regelmäßig, um wieder runterzukommen. Wenn Sie in sich gehen und feststellen, dass Sie Ihren eigenen Ansprüchen nicht genügen. Oder wenn Sie herausgefunden haben, was Sie wirklich, wirklich machen wollen und sich das aber nicht mit einer Karriere verträgt. Sumerische Inschriften übersetzen oder mit Flüchtlingskindern arbeiten können hoch erfüllende Tätigkeiten sein, aber da wird nun mal keine Wirtschaftskarriere draus werden.

Ernüchterung ist in dieser Situation in Ordnung. Aber bitte keine Verzweiflung. Sie sind bei einer Erkenntnis angekommen, die Ihnen abverlangt, etwas zu ändern. Entweder den Job oder sich selbst oder beides. Es ist bestimmt nicht die erste Weichenstellung in Ihrem Leben und es ist vermutlich auch nicht die Letzte. Selbst wenn es Ihnen schwerfallen sollte, Entscheidungen über Ihr eigenes Leben zu treffen – es fällt leichter, wenn man die Entscheidung treffen *muss*.

Im Folgenden habe ich Ihnen die sich hieraus ergebenden Optionen beschrieben. Der Vollständigkeit halber habe ich auch eine vierte Option aufgenommen, denn wenn Sie weder den Job noch sich selbst ändern, so ändert doch die Erkenntnis, die Sie da gerade gewonnen haben, Ihre Einstellung zu dem, was Sie tun.

	Sich selbst ändern	Sich selbst nicht ändern
Den Job nicht ändern	An sich arbeiten	Sich mit dem Job abfinden
Den Job ändern	Sein eigenes Ding machen	Etwas anderes suchen

Tabelle 5: Alternativen zur Karriere

An sich arbeiten

Sich selbst so verändern, dass man erfolgreicher wird, ist eine Mammutaufgabe. Aber sie lohnt sich dennoch – allein schon, weil man das nicht nur für eine Beförderung oder Gehaltserhöhung tut, sondern auch und vor allem für sich selbst. Deshalb geht es bei dieser Aufgabe in erster Linie darum, dass Sie sich, Ihre Stärken, Schwächen und Entwicklungspotenziale besser kennen lernen, an ihnen arbeiten und sie gezielter einsetzen.

Um diese Arbeit an sich selbst geht es eigentlich im gesamten Buch. An dieser Stelle deshalb nur drei kleine Verhaltenstipps, die ein wenig Training brauchen, aber schon viel bewirken können. Alle drei betreffen einen Menschentyp, der in Managementkreisen sehr häufig anzutreffen ist: den von sich überzeugten Egozentriker, der alles um sich herum abbügelt, weil nur er allein wichtig ist. Wenn man erst mal ganz oben angekommen ist, kann man sich so etwas vielleicht leisten (sollte es jedoch auch dann nicht), aber wenn man einen großen Teil dieses Wegs noch vor sich hat, steht man sich damit ständig im Weg. Aber man kann trainieren, das zu lassen oder zumindest abzuschwächen. Mir begegnen in meinen Gesprächen immer häufiger Personen, die genau drei Sätze trainiert haben.

»Wie sehen Sie das?« Jemand, dem es nur darum geht, wie er selbst etwas sieht, kommt eigentlich nicht auf die Idee, sich für die Position des Gegenübers zu interessieren. Aber irgendjemand hat ihm wohl einmal klar gemacht, dass zu einem Gespräch immer zwei Personen gehören, und dass diese zwei miteinander sprechen sollten, und nicht eine Person nur redet und die andere nur zuhört.

»Da haben Sie recht.« Für einige Menschen offenbar ein ganz schwieriger Satz, den sie bewusst trainieren müssen. Erstens weil sie natürlich immer selbst recht haben, und weil sie es zweitens genau aus diesem Grund eher übergehen, wenn das zufällig einmal nicht so sein sollte. Umso eindrucksvoller wirkt es auf den Gesprächspartner, wenn Mister Allwissend sich mal auf Normalniveau begibt.

»Danke.« Man muss sich bei mir nicht bedanken, wenn ich die Essensrechnung bei einem Interview übernehme, ich habe schließlich dazu eingeladen. Aber man kann sich bedanken. Und man muss mir kein Dankeskärtchen schicken, wenn man bei einer Veranstaltung unserer Firma eingeladen war. Aber man kann es machen. Gerade Menschen, die es als selbstverständlich annehmen, dass sie im Mittelpunkt stehen, fällt das Bedanken schwer. Dabei ist es doch so einfach.

Sollten Sie sich jetzt gerade ertappt fühlen: Machen Sie sich da keine Sorgen. Selbst wenn ich merke, dass mein Gegenüber trainiertes Verhalten zeigt, ist das allemal besser, als wenn er es nicht zeigt.

Sich mit dem Job abfinden

Wenn Personaler von »Edeka« reden, dann meinen sie nicht den gleichnamigen Supermarkt. Es ist die Abkürzung für »Ende der Karriere«. Keine Kündigung, kein Rausschmiss, aber eben auch keine Beförderung mehr. Ob Sachbearbeiter oder Abteilungsleiterin, mehr wird aus Ihnen in diesem Unternehmen nicht mehr werden.

Klar, nicht jeder kann CEO werden. Ein Unternehmen braucht nicht nur Leader, sondern auch Follower. Lauter Häuptlinge und unentwegt inspirierende Dampfmacher, das wäre ein Alptraum. Und einer muss ja auch die Basisarbeit machen, oder besser gesagt: viele müssen.

Aber auch klar: Schön ist das erst einmal nicht. Nur haben Sie auch nichts davon, wenn Sie von nun an jeden Tag mit dem »Hier verkümmert ein Genie«-Gesicht zur Arbeit gehen. Und wenn Sie sich zu viel über das grämen, was Sie nicht erreichen, dann verpassen Sie auch den ganzen Rest. Man darf nicht unterschätzen, wie viel der eigenen Ressourcen eine solche Negativenergie frisst.

In dieser Situation empfiehlt es sich, das Bild von Karriere, das man hat, und das Bild von einem geglückten Leben, das man hat, nebeneinanderzulegen und ganz in Ruhe zu vergleichen. Ist für Sie ein geglücktes Leben ohne weiteren Aufstieg vorstellbar? Wenn ja, spricht alles dafür, dass Sie sich in Ihre berufliche Rolle einfinden und deren Grenzen akzeptieren. Denn dann können sich Perspektiven jenseits der Berufstätigkeit eröffnen, an die Sie sonst gar nicht gedacht hätten. Im Garten, in einer Band, im Kirchengemeinderat.

Wenn Sie sich mit Edeka abfinden, sind Sie für mich zwar geschäftlich verloren, denn ich werde Sie höchstwahrscheinlich an keinen Kunden mehr vermitteln. Aber für Sie ist es vielleicht sogar ein Gewinn.

Etwas anderes suchen

Das sind die Leute, mit denen ich besonders häufig zu tun habe. Die meinen, dass sie einen guten Job machen, aber dort, wo sie sind, nicht weiterkommen. Die sich mehr Verantwortung oder mehr Anerkennung wünschen. Die meisten Leuten suchen nach Anerkennung, und wenn sie die an ihrem aktuellen Arbeitsplatz nicht bekommen, suchen sie sie eben woanders.

Mein wichtigster Ratschlag in dieser Situation: erst suchen, dann finden, dann gehen. Viele Headhunter und Personalchefs würden vermuten, dass Sie in Ihrem vorigen Job ein Problem hatten, wenn Sie da ohne neuen Job rausgegangen sind. Und oft ist es ja auch so.

Viele meinen, sie könnten sich neben dem aktuellen Job nicht um etwas Neues kümmern. Dann ist es höchste Zeit, mal wieder herauszufinden, was man tatsächlich alles schaffen kann. Man *muss* sich die Zeit dafür nehmen, und man *kann* das auch – und sei es in der Freizeit oder am Wochenende.

Aber bitte keine Fließbandbewerbungen, nur um Zeit zu sparen; dann können Sie sich nämlich den ganzen Aufwand überhaupt sparen. Sie wollen ja nicht irgendeinen Job, Hauptsache weg, weg, weg, sondern einen Job mit Perspektive. Schließlich gehen Sie ja, um bessere Karrierechancen zu haben. Dafür sollten Sie möglichst klare Vorstellungen haben, was Sie erreichen wollen. Je klarer, desto besser. Je mehr Sie die Kriterien, die bei einer Jobsuche wichtig sind, für sich beantwortet haben, desto besser können Sie auch suchen – oder gefunden werden. Schreiben Sie sich Ihre Zielfirmen auf, prüfen Sie, ob Sie dort jemand kennen, der Ihnen weiterhelfen kann, beobachten Sie eine Zeit lang, wonach dort gesucht wird, von wem und an welchen Standorten. Denken Sie nicht nur darüber nach, warum Sie dort gerne anfangen würden, sondern auch, wie Sie dort Ihre Energie und Ihre Fähigkeiten am besten einsetzen könnten.

Und feilen Sie für jede Ihrer Top-Zielfirmen an Ihrer Story. Auch wenn Ihr bisheriges Leben immer das Gleiche ist, und auch wenn Sie auf keinen Fall etwas dazuerfinden sollten, werden für unterschiedliche Aufgaben und unterschiedliche Arbeitgeber auch jeweils unterschiedliche Erfahrungen und Kenntnisse besonders interessant sein.

Vom Zeitpunkt Ihrer Ausstiegsentscheidung an gerechnet, sollten Sie ein halbes Jahr Zeit für die Suche einkalkulieren. Wenn es schneller geht: kein Problem, Reisende soll man nicht aufhalten, und in aller Regel werden Sie von Ihrem bisherigen Arbeitgeber auch nicht aufgehalten.

Ein Start in die völlig falsche Karriere: Gandhi

Sich etwas anderes zu suchen, muss keinesfalls bedeuten, dass man vorher gescheitert ist. Nein, man hat erkannt, dass man feststeckt, und bricht nun zu neuen Ufern auf, an denen man besser aufgehoben ist. So stand 1892 in Bombay der Rechtsanwalt Mohandas Karamchand Gandhi erstmals nach seinem Studium für einen eigenen Mandanten vor Gericht – und scheiterte krachend: Er schaffte es nicht, vor Gericht den Mund aufzumachen. Unter dem Gelächter des Publikums floh Gandhi aus dem Gerichtssaal, legte den Fall nieder und ging zurück in seine Heimatstadt. Drei Jahrzehnte später war aus dem schüchternen Anwalt der Führer der indischen Unabhängigkeitsbewegung geworden.

Sein eigenes Ding machen

Wenn Sie Ihr eigenes Ding machen, ob als Selbstständiger oder als Start-up, hat das einen großen Vorteil: Es ist Ihr Ding. Sie sind nicht darauf angewiesen, dass ein Vorgesetzter Ihnen vertraut, an Sie glaubt, Ihnen Verantwortung gibt. Und es hat einen großen Nachteil: Es ist Ihr Ding. Sie müssen in sich vertrauen, Sie müssen an sich glauben, Sie sind für sich selbst verantwortlich.

Ich selbst bin diesen Weg auch gegangen: aus einer festen Position in eine Freelancer-Tätigkeit, und dann zum (geteilten) eigenen

Unternehmen. Ich habe sowohl die Vorteile als auch die Nachteile dieser Entscheidung intensiv kennen gelernt, und ich habe diesen Schritt nie bereut.

Es ist eine ganz eigene Karriere, die man dabei macht. Man erhält im Markt ein schnelles, gutes und manchmal hartes Feedback, was man anderen wert ist, wenn sie einen für das, was man bietet, bezahlen müssen. Man kann darüber ganz gut erkennen, welche Positionierung funktioniert und welche nicht.

Der Markt kann Ihnen dabei manchmal genauso ignorant vorkommen wie Ihr aktueller Vorgesetzter: nämlich dann, wenn er schlicht nicht erkennt, was Sie eigentlich wert sind, und Sie nur für weit niedriger qualifizierte Jobs beauftragt und bezahlt. Aber Sie können daraus lernen, Sie können sich weiterentwickeln und dafür ständig neues Feedback aus dem Markt bekommen. Probieren Sie das mal mit Ihrem Vorgesetzten …

Mal gewinnt man Kunden, mal verliert man Kunden, mal wächst man mit Kunden, mal über Kunden hinaus. Und dieses Spiel kann dann ewig so gehen. Und bald stellt sich die Karrierefrage nicht mehr, die Sie heute noch beschäftigt.

Über eines müssen Sie sich allerdings klar sein, wenn Sie sich auf den Weg in die Selbstständigkeit begeben: Der Weg zurück in die Managerwelt ist wahnsinnig schwierig. Wenn Sie als fast noch Jugendliche Ihr eigenes Start-up gegründet haben, ist das noch kein Thema (in Kapitel 4 habe ich darüber gesprochen), aber später wird das meist nicht mehr funktionieren. Ich möchte das gar nicht bewerten, keine dieser beiden Welten ist besser oder schlechter als die andere – aber es sind eben zwei unterschiedliche Welten. Und die Menschen, die in diesen beiden Welten aktiv sind, sind sehr unterschiedliche Typen. Es kommt zwar häufig vor, dass mir ein Kunde aufträgt, für eine Position »unternehmerische« Typen zu suchen. Aber damit meint er keine Unternehmer, sondern unternehmerisch agierende Manager. Die gibt es, in einigen Branchen wie der Pharmaindustrie sogar besonders häufig. Aber es sind eben Manager.

Wo sich auf jeden Fall das eigene Ding anbietet, ist bei all jenen, die keine Managerkarriere mehr machen *können*. Das betrifft vor allem zwei sehr unterschiedliche Kategorien. Zur ersten Kategorie gehören diejenigen, die wirklich Mist gebaut haben. Goldene Löffel geklaut, Untergebene verprügelt, Steuerhinterziehung, Bilanzmanipulation. Damit ist man praktisch nicht mehr vermittelbar. Um mit so etwas einen neuen Job als Manager zu bekommen, muss man schon den eigenen Lebenslauf fälschen oder weit weg auswandern. Als Selbstständiger trägt man dann zwar immer noch den Ballast der Vergangenheit auf den Schultern, aber mit deutlich besseren Chancen, wieder auf die Füße zu kommen.

Die zweite Kategorie sind Mütter mit langer Familienpause. Zwei oder drei Kinder, zu Hause geblieben, bis das jüngste in die Schule kommt, oder noch länger. Dann sind sie um die 40, haben ihre Kontakte zur Arbeitswelt weitgehend verloren und die gesamte Zeitspanne ausgelassen, in der man in Unternehmen eigentlich Karriere macht. Außerdem wissen sie nach einer solch langen Pause relativ gut, was sie können und was sie wollen, und dass das nicht mehr mit der Welt der Unternehmen zusammenpasst. In vielen anderen Ländern gibt es Programme für Wiedereinsteiger ab 40, in Deutschland aber nicht; ich vermute: noch nicht. Deshalb bleibt in Deutschland, wenn Sie in dieser Situation eine Karriere in der Wirtschaft anstreben, kaum etwas anderes übrig, als eine Karriere im eigenen Unternehmen zu starten.

8.
Begleiter auf dem Karrierepfad

Unsere Firma heißt »Comites«. Das ist Latein und heißt auf Deutsch Begleiter oder Gefährten. Das klingt nicht so aggressiv wie der Headhunter, der eine Führungskraft jagt und zur Strecke bringt. Und das war auch die Idee, die der Gründer mit dem Namen bis heute verbindet: Wir wollen Begleiter sein. Begleiter auf Zeit, nämlich über die gesamte, oft ziemlich lange Strecke vom ersten Gespräch bis zum Arbeitsbeginn in der neuen Position und darüber hinaus. Und Begleiter in Sondersituationen – nämlich dann, wenn es bei Ihnen um eine Karriereentscheidung geht.

Das muss nicht in jedem Fall so sein. Sollte jemand durch unsere Vermittlung auf seinem Traumposten angekommen sein und dort bis zur betrieblichen Altersgrenze bleiben wollen: großartig! Wir haben für Kunden und Kandidaten das Optimum erreicht, da können wir es verschmerzen, dass wir an dieser einen Stelle auf Jahrzehnte hinaus keinen neuen Auftrag mehr bekommen.

Aber in einigen Fällen begleiten wir tatsächlich Karrieren. Als nüchternes ökonomisches Argument dafür könnte man anführen, dass es sich um Personen mit hervorragenden Führungseigenschaften handelt, die für den Fall, dass sie den Job wechseln wollten, sofort vermittelbar sind. Das erhöht die Qualität unseres Kandidatenpools genauso wie die Zufriedenheit unserer Auftraggeber. Aber ganz so nüchtern gehe ich das nicht an: Ich sehe da jeweils spannende Personen, deren Positionen und Entwicklungen mich interessieren und wo ich glaube, auch etwas einbringen und beitragen zu können.

Ich bin sicher: Jeder und jedem tut es gut, Begleiter auf dem Karrierepfad zu haben. Begleiter, die eher von außen schauen, wie Mentoren oder Berater, und Begleiter, die selbst auch mitten im Getümmel stehen, wie die Mitglieder des Netzwerks, zu dem man gehört oder das man sich selbst aufgebaut hat.

Mentoren und ein Spiegelkabinett

Der erste Mentor überhaupt war eigentlich eine Mentorin: Athene, die griechische Göttin der Weisheit. In der *Odyssee* schildert Homer, dass sich Athene von Zeit zu Zeit in einen Mann namens Mentor verwandelte, einen alten Freund ihres Schützlings Odysseus. In dieser Tarnung konnte sie dessen Sohn Telemach im heimischen Ithaka besuchen und so während der zwanzig Jahre währenden Abwesenheit des Vaters den Sohn beschützen und beraten. Dank Mentors Unterstützung wuchs Telemach zu einem edlen und tapferen Krieger heran und half schließlich seinem Vater Odysseus, nach der Heimkehr Ithaka zurückzuerobern.

Ein Mentor ist nicht das Gleiche wie ein Lehrer. Seine Aufgabe ist es nicht so sehr, Wissen zu vermitteln, als vielmehr Erfahrung: Er hat das hinter sich, was sein Schützling noch vor sich hat. Er kennt die Kultur des Unternehmens, oder er kann zwischen den Zeilen eines Protokolls lesen, oder er weiß, woran man erkennen kann, ob jemand nur einen pompösen Titel auf der Visitenkarte oder wirklich etwas zu sagen hat. Er hat viele Fehler schon gemacht, die Sie noch vor sich haben, und vielleicht kann er Ihnen ja sogar dabei helfen, den einen oder anderen davon zu vermeiden.

Und eine Mentorin steht nicht wie eine Lehrerin vor einer Klasse, sondern sie widmet sich genau einer Person. Sie versteht, was Sie gerade brauchen. Sie sieht, was auf Ihrem weiteren Weg noch auf Sie zukommt. Und sie kann Ihnen zeigen, wo Sie sich selbst im Weg stehen. Ein solches Gespräch von Mensch zu Mensch ist die beste Gelegenheit, um tatsächlich auch über das Individuum reden zu können. Nicht über Fakten oder Meinungen, sondern über das reale Leben, über ganz persönliche Probleme, Projekte, Perspektiven. Das sind die Situationen, in denen wirklich etwas bei Ihnen hängen bleiben kann, in denen Sie für das Leben lernen können.

Eigentlich wäre es schön, wenn die Lehrer da ein bisschen von den Mentoren lernen könnten. Denn an dieser Stelle sind die Erkenntnisse der psychologischen Begabungsforschung sehr eindeutig: Direktes, individuelles Feedback zwischen Schüler und Lehrer ist eine der effizientesten Maßnahmen zur Steigerung des schulischen Erfolgs. Und wenn Sie in Ihrer Schulzeit ein positiv prägendes Erlebnis hatten, das Sie bis heute auf Ihrem Lebensweg begleitet, dann war es vermutlich genau eine solche Eins-zu-Eins-Situation.

Ich hätte mir an der Schule jedenfalls mehr solche Situationen gewünscht. Feedback war dort immer Mangelware, und ich hatte bei den meisten meiner Lehrer nie das Gefühl, dass sie sich mit mir als Person auseinandersetzen oder auf der Suche nach irgendwelchen Talenten oder Stärken waren. Im Gegenteil, alles, was ein bisschen gegen den Mainstream war, war eher suspekt. Das einzige prägende Einzelgespräch, an das ich mich noch erinnere, hatte ich selbst herbeigeführt: Ich habe meine Biologielehrerin damit konfrontiert, dass ich über einen langen Zeitraum das Gefühl hatte, dass sie mich auf dem Kieker hat. Es war kein angenehmes Gespräch für mich, aber sie hat sich danach mehr Mühe gegeben.

Ich selbst hatte leider nie einen Mentor, aber ich sehe bei vielen Menschen, die ich treffe, diese unglaubliche Katalysatorwirkung und auch die zusätzliche Selbststärkung und Sicherheit, die so eine Beziehung Menschen geben kann. Unter anderem deshalb bin ich auch selbst Mentorin geworden. Die zwei Wege, über die ich Mentorin geworden bin, beschreiben gleichzeitig auch zwei der drei Wege, über die Sie Förderer oder Mentoren für sich finden können, denn Kontaktanzeigen kann man dafür keine aufgeben.

Der erste Weg: Ich bin gefragt worden. Leute, die mich kennen, sind auf mich mit der Bitte zugekommen, ob ich sie als Mentorin begleiten könne. Sie haben mich als klare, aber auch wertschätzende Person kennen gelernt, und das sind Eigenschaften, die auch für eine Mentorin gut passen. Wenn Sie also jemanden kennen, den oder die Sie sich als Mentor vorstellen könnten: einfach fragen. Mehr als ein Nein können Sie sich nicht einfangen und ich kenne niemanden, der eine solche Frage als negativ empfunden hätte.

Der zweite Weg: Es gibt Mentorenprogramme für bestimmte Zielgruppen. Zum Beispiel für Frauen, für Personen mit Migrationshintergrund oder aus benachteiligten sozialen Gruppen. Ich selbst unterstütze als Mentorin das Programm Aufsteiger.org, ein Netzwerk, das von einer Siemens-Managerin gegründet wurde und Mentees aus eher sozial schwachem Hintergrund mit Mentoren aus der Wirtschaft zusammenbringt. Dieses Zusammentreffen ist eine tolle Sache, die für beide Seiten mehr als bereichernd ist.

Den dritten Weg zu einem Mentor beschreite ich nicht selbst, aber ich organisiere ihn von Zeit zu Zeit. Wenn Comites ein Unternehmen auditiert, also die Potenziale der Führungskräfte bewertet, setzen wir als Maßnahme für die weitere Entwicklung häufig auf interne Mentoren: seniorere Leute mit viel Erfahrung, die auf diese Weise einen Teil davon an eine Führungskraft aus der nächsten oder übernächsten Generation weitergeben können, also an einen Mentee, den sie gerne unterstützen würden.

Und dann kommt irgendwann der Zeitpunkt, an dem Sie über die Rolle der Geförderten hinauswachsen. Bei Telemach, dem allerersten Mentee, war das nach zwanzig Jahren der Fall: Für den Kampf um den Thron musste er ohne den vertrauten Ratgeber auskommen. Das wird auch Ihnen so gehen, wenn Sie in der Hierarchie nach oben steigen. Je höher Sie kommen, desto weniger können Sie damit rechnen, dass man Ihnen im Unternehmen die Wahrheit sagt. Nicht was die Zahlen und Fakten angeht, das wird in der Regel schon stimmen, aber was Sie persönlich angeht.

Feedback bringt eigentlich nur etwas, wenn es auch kritisch sein kann; und wer äußert schon dem Chef gegenüber Kritik? Ich bin als externe Dienstleisterin da in einer ganz guten Position: Meine Kunden sagen mir schon, wenn ihnen etwas nicht passt – und übrigens auch umgekehrt. Aber im Unternehmen? Über Hierarchiestufen hinweg? Schwierig. Wenn, dann kann man Feedback nur im Geheimen einfordern: ein »Jetzt-mal-ehrlich«-Gespräch unter vier Augen. Und selbst das wird umso schwieriger, je kompetitiver und misstrauischer die Kultur im Unternehmen ist. Behält Ihr Gesprächspartner das Gesagte wirklich für sich, oder wird er es bei nächster Gelegenheit nutzen, um Ihnen zu schaden? Und wenn Sie sich das schon fragen, dürfte auch Ihr Gesprächspartner argwöhnen, dass Sie möglicherweise Hintergedanken haben, wenn

Sie um ein Vier-Augen-Gespräch bitten. Dann können Sie das mit der Ehrlichkeit auch gleich vergessen.

Je höher Sie in der Hierarchie schon gestiegen sind und je weniger Sie den Menschen in Ihrem Unternehmen vertrauen können, desto wichtiger ist es, sich mit Externen auszutauschen, die einmal spiegeln können, wie man auf andere wirkt. Jemand, mit dem man über etwas reden kann, bei dem man unsicher ist.

Ich empfehle, dass Sie sich dafür auf mehrere Externe stützen: ein ganzes »Spiegelkabinett«. Dabei sollte es sich um Menschen handeln, die Sie kennen. Das kann eine frühere Mitschülerin sein, ein ehemaliger Kollege, jemand aus Ihrem Hobbybereich, eine Nachbarin oder Ihre beste Freundin, die auch noch Managerin ist. Sie sollten dafür allerdings keine Kabinettssitzung einberufen. Es geht nicht so sehr darum, was eine Gruppe über Sie sagt, sondern was einzelne Menschen über Sie sagen, denen Sie vertrauen können. Es sollten Menschen aus Ihrem direkten Umfeld sein, Freunde, Bekannte, Menschen, denen Sie vertrauen, denen Sie auch mal eine neue Idee, ein Konzept oder eben ein neues Jobangebot anvertrauen können und die dazu mit ihrer Meinung nicht hinter dem Berg halten. Ich bin sicher, Sie haben mindestens zwei oder drei Menschen in Ihrem Umfeld, die Ihnen für eine solche Rolle spontan in den Sinn kommen.

Ihre Lebenspartner eignen sich nicht immer wirklich dazu. Die sind hoffentlich eine Unterstützung auf Ihrem beruflichen Weg, aber sie haben ja trotz allen guten Willens auch ihre eigene Agenda und wollen Sie wahrscheinlich auch eher schützen als herausfordern. Darum geht es aber gerade auch beim Spiegelkabinett: Sie zu fordern und manchmal aus der Komfortzone herauszulocken. Eine gänzlich andere Perspektive auf Ihre Situation und manchmal auch eine bewusste Gegenposition, vox diaboli, kann Ihnen zu einer neuen Sichtweise verhelfen und Sie so vor falschen oder unüberlegten Entscheidungen beschützen.

Helfen kann ein solches Spiegelkabinett jedem und jeder von Ihnen. Und je höher Ihre Managementposition ist, desto dringender empfehle ich Ihnen, sich so etwas zuzulegen.

Die Bedeutung von Netzwerken

In der Datenbank unserer Firma befinden sich Informationen zu über 40.000 Personen. Wie jede andere Personalberatung, die seit Jahrzehnten im Markt ist, haben auch wir viele, viele Daten gesammelt. Wenn Sie mir irgendwann einmal einen Lebenslauf oder eine Bewerbung geschickt haben, sind Sie auch mit dabei. Aber wenn es um die Besetzung einer neuen Position geht, finden wir dann die passenden Kandidaten dafür in unserer Datenbank? Kann passieren, muss aber nicht. Wir suchen für einzelne, ganz spezifische Positionen, und dabei hilft uns nicht so sehr die Datenbank, sondern das Netzwerk.

Netzwerk, das sind in diesem speziellen Fall Menschen, die wir kennen, und die wir fragen können: die jemand kennen könnten, der infrage kommen könnte, die sich mit einer Branche, einer Firma, einem Standort, einer Technologie auskennen, über die wir für diesen spezifischen Auftrag Bescheid wissen. Und die dann nicht sofort allen erzählen, dass ich mal wieder auf der Suche bin – sondern nur den Richtigen.

Und Netzwerk im Allgemeinen, das sind persönliche Beziehungen, die auf einem potenziellen Geben und Nehmen beruhen, ohne dass dieses von vornherein definiert ist. Von der Freundschaft unterscheidet sich das Netzwerk durch das Transaktionale: Es geht um einen gegenseitigen Nutzen. Und von der Seilschaft unterscheidet sich das Netzwerk durch die Unbestimmtheit: In einer Seilschaft haben alle ein gemeinsames Ziel, für dessen Erreichen sie zusammenarbeiten, im Netzwerk macht man mal etwas zusammen, weil es gerade einen Berührungspunkt gibt, und ansonsten geht jeder seiner Wege. Bis zum nächsten Mal.

Die wichtigste wissenschaftliche Grundlage für die Bedeutung dieser Netzwerke ist ein Aufsatz aus dem Jahr 1973: *The strength of weak ties* des US-Soziologen Mark Granovetter. Gerade über die schwachen Bindungen, wie sie in Netzwerken üblich sind, komme das Neue in die Welt, denn sie können Brücken zwischen sonst unverbundenen Gebieten bauen. Die Jobsuche ist eins der klassischen Anwendungsgebiete für diesen Brückenbau – schließlich soll verbunden werden, was zuvor nicht zusammengehörte. Und weil nicht jeder mit jedem eine schwache Bindung hat, kommen wir als Brückenbauer mit ins Spiel.

Bei der überwiegenden Zahl meiner persönlichen Beziehungen gibt es einen solchen latent ökonomischen Zusammenhang: Die entsprechende Person könnte mir einmal beruflich von Nutzen sein oder umgekehrt. Daneben gibt es aber auch eine Reihe von Beziehungen, bei denen das überhaupt keine Rolle spielt und es nur darum geht, sich immer wieder einmal auszutauschen.

Wenn Sie wie ich selbstständig und/oder in immer wieder wechselnden Arbeitszusammenhängen sind, ist dieses Netzwerk vergleichsweise breit gestreut. Da kennt man geradezu in jedem Dorf einen Hund, ohne in einem Dorf zu Hause zu sein. Wenn Ihre Karriere sich vorwiegend in ein und demselben Unternehmen beziehungsweise in immer derselben Branche abspielt, hat Ihr Netzwerk fast zwangsläufig einen weit kleineren Radius und ist dadurch aber in der Regel auch deutlich dichter geknüpft.

Aber es knüpft sich natürlich nicht von alleine. Sie müssen da schon mitmachen. Und das gelingt nicht allen im gleichen Maße. Bei weiblichen Führungskräften beispielsweise gibt es einen Karrieretypus, der sehr stark auf Performance setzt und sehr wenig mit Kooperation anfangen kann. Die Vertreterinnen des zweiten vorherrschenden Karrieretyps hingegen haben fast ein Kooperationsgen, da fängt schon bei der ersten Begegnung das Netzwerken an. Insgesamt beobachte ich in den jüngeren Generationen eine größere Netzwerktauglichkeit. Sie haben das Geben und Nehmen besser verstanden.

Manchen Netzwerken werden geradezu magische Kräfte nachgesagt, allen voran den Freimaurern, den Illuminaten oder den Bilderbergern. Auch Studentenverbindungen wie die amerikanische Phi Beta Kappa oder deutsche Burschenschaften profitieren vom Nimbus des gegenseitigen Zuschiebens von Macht, Ruhm und Geld. Da wundert es nicht, dass vielerorts versucht wird, in Alumnigruppen, Frauennetzwerken und vielen weiteren Vereinigungen den Mitgliedern Karrierewege zu bahnen. Eine Grundvoraussetzung des Netzwerkens wird dabei allerdings nicht immer beachtet: Man kann nicht nur nehmen, man muss auch geben. Wenn alle nur auf den jeweils eigenen Vorteil aus sind, kann das nur dann funktionieren, wenn das, was Ihnen nutzt, gleichzeitig auch jemand anderem nutzt, oder wenn der Nutzen, den Sie jetzt haben, zu anderer Zeit auch jemand anderem zugutekommen kann. Denn sonst kann es schnell passieren, dass sich einige ausgenutzt fühlen und daraus kann nun mal kein Netzwerk werden.

Und sollten Sie sich unsicher fühlen, wie das mit dem Geben und Nehmen funktioniert, hier noch ein kleiner, praktischer Ratschlag: Wer zahlt die Rechnung? Zahle ich, gebe ich etwas von mir (finanziell), und erhoffe mir etwas von Ihnen (geschäftlich oder persönlich). Zahlen Sie, genau umgekehrt. Da gibt es einfache Situationen: Wenn ich Sie zum Interview einlade, zahle ich natürlich. Da gibt es komplexe Situationen: Wenn man sich zum ersten Date trifft, gehen vom Umgang mit der Rechnung gleich bündelweise Botschaften in beide Richtungen. Und es gibt scheinbar einfache, und doch komplizierte Situationen: Wenn mich jemand fragt, ob wir mal zusammen essengehen, ich mich dann beim Essen eineinhalb Stunden als Karriereratgeberin betätige und dann noch selbst die gesamte Rechnung zahlen muss, dann hat dieser Jemand nicht verstanden, wie das mit dem Netzwerken funktioniert.

Die Dos and Don'ts für den Umgang mit Headhuntern

»Jeder und jedem tut es gut, Begleiter auf dem Karrierepfad zu haben«, hatte ich am Anfang dieses Kapitels geschrieben. Und bei einigen wenigen Menschen haben tatsächlich Headhunter eine solche Begleiterfunktion. Insbesondere in den höchsten Etagen können wir eine Art Berührung zur Außenwelt sein. Es gibt Vorstände, die einen sehr strukturierten Kontakt mit einzelnen Headhuntern haben und sich ein-, zweimal im Jahr zum Essen treffen. Kein spezielles Thema, keine Tagesordnung, kein Deal, einfach nur so. In solchen Situationen sollen wir einfach eine Art Realitäts-Check sein: Wie sehen die Welt und die Branche außerhalb des Konzerns aus? Worüber wird gerade so geredet? Es geht da für beide Seiten nicht so sehr darum, Insider- oder Hintergrundinformationen auszutauschen, sondern eher um ein Update auf die Perspektive des Gegenübers. Natürlich sitzt immer auch die implizite Erwartung mit am Tisch, dass man auch aneinander denkt, wenn tatsächlich mal ein Jobwechsel auf dem Programm stünde, aber darüber spricht man nicht.

Deutlich expliziter wird diese Erwartung bei jener etwas größeren Zahl an Menschen, die Headhunter als Teil ihres Netzwerks sehen, ja geradezu Headhunter-Pflege betreiben. Viele karriereorientierte Manager haben mindestens einen Headhunter ihres Vertrauens, mit dem sie sich hin und wieder austauschen. Da bei diesen Personen grundsätzlich damit zu rechnen ist, dass sie noch weitere Karrieresprünge machen wollen, gehen sie davon aus, dass wir an sie denken, wenn wir einen Suchauftrag bekommen, der zu Ihnen passen könnte. Und umgekehrt können wir damit rechnen, dass sie uns signalisieren werden, wenn sie einen neuen Job suchen.

Der Rest der Menschen, mit denen wir es zu tun haben, und das ist die weit überwiegende Zahl, hat ein sehr unstrukturiertes Verhältnis zu Headhuntern. Für viele, die ich zu Interviews treffe, ist es das erste Mal überhaupt, dass sie eine leibhaftige Headhunterin zu sehen bekommen. Entsprechend unsicher sind sie, wie sie sich mir gegenüber verhalten sollen. Und dann handelt es sich noch dazu um ein Gespräch, das eine dramatische Änderung in ihrem Leben bewirken könnte. Dementsprechend sind sie noch unsicherer, wie sie sich überhaupt verhalten sollen.

Lassen Sie mich versuchen, Ihnen diese Unsicherheit zu nehmen.

Unser Gespräch basiert auf der Annahme, dass es für beide Seiten einen Nutzen bringen könnte. Könnte, wohlgemerkt: Dass ich mit Ihnen ein Interview führe, heißt nicht, dass Sie den Job auch bekommen. Aber es heißt zumindest, dass es möglich wäre, dass Sie den Job bekommen.

Im Normalfall soll ich meinem Kunden für eine Position drei bis fünf Leute vorschlagen. Um das tun zu können, habe ich vorher mit mindestens zehn Kandidaten geredet. Von diesen Kandidaten schließe ich etwa vier aus, weil ich aufgrund des Gesprächs den Eindruck gewonnen habe, dass sie doch nicht passen. Andere Kandidaten, die grundsätzlich infrage kommen könnten, stelle ich zurück, weil andere mir besser gefallen. Es springen zwar nicht oft Kandidaten vor dem Erstgespräch mit dem potenziellen Arbeitgeber ab, aber wenn doch, sollte ich ein Backup haben.

Allen, die nicht zu diesem Erstgespräch eingeladen werden, sagen wir persönlich ab. Und wir formulieren diese Absage auch so persönlich wie möglich, wobei ich natürlich nicht immer direkt sagen kann, woran es gelegen hat. Wichtig ist mir dabei, dass unsere Kandidaten ihr Gesicht wahren können: Es gibt keinen Grund, an sich selbst zu zweifeln, nur weil man nicht auf der Shortlist gelandet ist.

Sie sehen: Die Chance, den Job tatsächlich zu bekommen, um den es in unserem Gespräch geht, ist nicht sehr groß. Aber sie existiert. Wenn von vornherein klar wäre, dass Sie keine Chance haben, würde ich Sie gar nicht erst einladen. Das Gleiche sollte dann bitteschön auch umgekehrt gelten: Wenn Sie mit mir im Interview sitzen, sollte es zumindest eine Chance geben, dass Sie den Job, um den es geht, auch tatsächlich machen wollen. Wenn Ihnen von vornherein klar ist, dass Sie unter keinen Umständen Ihren aktuellen Job verlassen, sollten Sie meine Einladung zum Interview gar nicht erst annehmen.

Natürlich müssen Sie den Job nicht annehmen, um den es da geht. Es kann Tausende Gründe geben, warum man zwar zusammensitzt, aber dann nicht zusammenkommt. Ob ich diese Gründe für gut oder schlecht halte, kann Ihnen egal sein. Es sind Ihre Gründe. Aber wenn in den Interviews für eine konkrete Suche dann jemand sitzt, der nur mal »seinen Marktwert testen« will, um im eigenen Unternehmen höher zu pokern … sorry, das ist dann nur Beschäftigungstherapie für beide Seiten. Und die haben wir doch beide nicht nötig. Denn Ihren Marktwert kennen

Sie doch. Sie beschäftigen sich vermutlich seit Jahren mit Ihrer Branche, mit Ihrem Wettbewerb, mit Ihrer Ebene. Sie kennen Ihre Community. Sie wissen, mit wem Sie es zu tun haben. Sie wissen, wer richtig gut und wer eher Trittbrettfahrer ist. Und weil Sie alle kennen, wissen Sie doch auch, was Sie wert sind. Und Sie wissen es – mal ehrlich – auch in Euro. Dafür brauchen Sie keinen Headhunter.

In dem Interview, das wir da gerade führen, geht es übrigens auch gar nicht um Ihren Marktwert. Es geht um einen ganz spezifischen Job, für den es ganz spezifische Anforderungen gibt – und einen ganz spezifischen Kunden, der weiß, was er braucht, oder zumindest glaubt, dass er das weiß. Jedenfalls schaue ich Sie mir gerade durch die Brille dieses Kunden an, um für ihn eine Vorauswahl zu treffen. Ich schaue mir an, ob es Sinn macht, gerade Sie weiterzuempfehlen. Ob Sie den Job können, und ob Sie ihn auch wirklich wollen.

Natürlich geht es in diesem Gespräch um Sie. Und natürlich möchte ich in diesem Gespräch auch versuchen, Sie so gut und so komplett wie möglich zu verstehen. Aber es geht nicht um Sie in Ihrer Totalität und Einzigartigkeit, sondern um Sie in Bezug auf einen bestimmten Job.

Das Gespräch, das Sie da gerade führen, führen Sie zwar mit mir. Aber es geht bei diesem Gespräch nicht um mich. Ich bin nicht wichtig. Ich bin eher Folie als selbst zu prägen. Ich muss nicht meinen Kopf oder meine Philosophie durchsetzen. Ich erfülle einen Auftrag. Aber es gibt schon einen Grund, warum ich Ihnen gegenübersitze und diese Vorauswahl nicht von einem Algorithmus oder einem Werkstudenten getroffen wird. Denn alle Interviews, die von unserem Unternehmen geführt werden, führen wir in der Geschäftsleitung. Ich soll, ich muss und ich will Sie erfassen und verstehen, egal woher Sie kommen. Deshalb bin ich auch nicht sonderlich daran interessiert, wie gut Sie die Führungspraktiken einstudiert haben, die gerade im Trend liegen, oder ob Sie »die besten Antworten auf die zehn beliebtesten Headhunter-Fragen« kennen, wie sie in den einschlägigen Ratgebern beschrieben sind. Ich will wissen, wie Sie sind, und nicht, was Sie gerade auswendig gelernt haben.

Deshalb habe ich natürlich ein paar Fragen vorbereitet, die nicht in Ihren Ratgebern stehen und mit denen ich das Gespräch mit Ihnen eröffnen kann – und Sie öffnen kann. Ich glaube, es wäre kontraproduktiv, wenn ich Ihnen jetzt den Wortlaut dieser Fragen verrate. Nachher studieren Sie ein, wie Sie am besten auf meine Fragen antworten können, und wir stehen wieder vor dem gleichen Problem, dass ich aus dem auswendig Gelernten nicht erkennen kann, wie Sie wirklich sind.

Eine ganz andere Gesprächssituation haben wir, wenn ich Sie nicht wegen eines Suchauftrags eingeladen habe, sondern wir zusammensitzen, weil Sie mir empfohlen wurden. Üblicherweise von jemandem, den ich gut kenne, und üblicherweise, weil Sie einen Job suchen. Es ist beziehungstechnisch eine andere Situation, denn es geht nicht mehr um das Verhältnis zwischen zwei Personen, sondern zwischen dreien. Und es ist ökonomisch eine andere Situation, denn Sie können zwar aus unserem Gespräch einen ökonomischen Nutzen ziehen, aber ich nicht. Ich bin kein Jobcenter und ich bin auch keine New-Placement-Beraterin, die dafür honoriert wird, dass sie Sie berät und vermittelt. Meine ökonomische Produktionsfunktion verläuft umgekehrt: Ich werde dafür honoriert, dass ich einem Unternehmen, das mich beauftragt hat, die richtigen Kandidaten vermittle.

Beziehungsökonomisch gesehen tue ich mit unserem Gespräch demjenigen, der Sie empfohlen hat, einen Gefallen, der damit wiederum Ihnen einen Gefallen tut. Ich mache das gerne, solange es sich im Rahmen des im Netzwerk üblichen Gebens und Nehmens hält. Sie sollten sich allerdings im Klaren sein, dass ich Ihnen nicht als Personalchefin der Deutschland AG gegenübersitze, die jederzeit Dutzende Traumjobs aus dem Ärmel schütteln kann.

Sie sollten ohnehin den Einfluss von uns Headhuntern nicht überschätzen. Insbesondere, wenn es um jenen Einfluss geht, den sich die meisten erhoffen, die mir ihre Lebensläufe schicken: dass ich feststelle, dass sie großartig sind, und sie dann denjenigen Unternehmen vorschlage, zu denen sie am besten passen. Nur einmal angenommen, so liefe es bei Ihnen ab: Dann wird jenes Unternehmen, zu dem Sie am besten passen, ziemlich sicher gerade gar niemanden mit Ihrem Profil suchen. Wenn ich dann Ihren Lebenslauf an jemand bei diesem Unternehmen schicke, den ich kenne, ob Personalchef oder Vorstand, dann passiert mit hoher Wahrscheinlichkeit gar nichts. Wenn es gut geht, ergibt sich dabei ein »Das klingt ja interessant, Frau Schorp, aber ich kann Ihnen nichts versprechen.«. Dann kann es theoretisch passieren, dass Sie irgendwann durch meine Einschaltung diesen für Sie richtigen Job bekommen. Aber in der Praxis kann ich Ihnen da wenig Hoffnung machen.

9.
Herausforderungen, Krisen, Scheitern

Eine der schönsten Beschreibungen des eigenen Scheiterns ist uns aus der Feder des Superstars der deutschen Gründerzeit des 19. Jahrhunderts überliefert: Bethel Henry Strousberg. Der »Eisenbahnkönig«, dessen Bahngesellschaften um 1870 zu den Lieblingsaktien der deutschen Anleger gehörten, landete 1875 wegen Betrügereien im Gefängnis, sein Imperium brach zusammen. Und Strousberg schrieb, als alles vorbei und er mittellos war: »Alles, was ich befürchtete, traf ein und wie zu erwarten war, blieben Kränkungen aller Art nicht aus. Falsche Freunde, triumphierende Feinde, verzagte Geschäftsverbündete, Belagerung durch arme Obligationsbesitzer, unaufhörliche Beleidigungen der Presse, die Kombination gegen mich bei der Görlitzer Bahn seitens der Disconto-Gesellschaft, das Versiegen meines Kredites, die Befriedigung der sich täglich mehrenden Geldbedürfnisse neben verminderten Einnahmen, Einsturz des Gebäudes an allen Enden, Baueinstellung bei den Bahnen und Fabriken, kurz, was nur Namen hatte und stören, schaden, kränken und zum Ruin führen konnte, trat ein.«

Sie können beruhigt sein: Egal, wie heftig Sie gerade von einer Krise gebeutelt werden, so schlimm wird es schon nicht kommen. Und Sie haben eine gute Chance, dass es bei Ihnen nach der Krise auch weitergehen wird. Vielleicht nicht so wie zuvor gedacht, aber eben weiter. Anders als bei Strousberg, der 1884 völlig verarmt starb.

Krisen gehören zum Leben dazu. Zu Ihrem Leben, zum Leben eines Unternehmens, zum Leben einer Gesellschaft. Sie stellen Wendepunkte des Geschehens dar, die offenlassen, ob sich daraus eine Entwicklung zum Guten oder Schlechten ergibt. Und für wen es gut oder schlecht ausgehen wird, denn wenn es nicht gerade um Ihre ganz persönliche Sinnkrise geht, gibt es bei Krisen immer mehrere Beteiligte. Wenn ein ganzes System zusammenbricht, wie das der kommunistischen Staaten in Osteuropa Anfang der 1990er Jahre, leiden viele darunter; aber viele eben auch nicht.

Ich verwende in diesem Buch oft den Begriff der Weichenstellung. Er passt auch hier: Krisen sind erzwungene Weichenstellungen. Sie bringen Veränderungen, ob wir das wollen oder nicht, aber immer können wir zumindest mitentscheiden, was sich für uns persönlich dadurch verändert.

Und wenn die Weiche, die von der Krise gestellt wurde, definitiv aufs Abstellgleis führt? Dann können Sie immer noch den Zug wechseln. Die Wiedervereinigung Deutschlands 1990 ist dafür ein gutes Beispiel. Die Weichenstellungen des Einigungsprozesses führten zu einem abrupten Zusammenbruch der meisten DDR-Unternehmen. Keine Märkte, keine Kunden, verschlissene Anlagen, damit konnte man schlicht nicht weitermachen. Aber wenn das Unternehmen, bei dem man beschäftigt ist, nichts mehr machen kann, kann man immer noch selbst etwas tun. Und das wiederum war durch die Wiedervereinigung leichter geworden. Ob Abwanderung, ob Umschulung, ob Unternehmensgründung: Für die meisten Ostdeutschen ging das Berufsleben weiter – nur eben anders.

Eine für viele Branchen ähnlich gravierende Krise haben wir gerade erst erlebt: die Corona-Pandemie. Als Hotel, Club oder Reisebüro konnte man da nicht viel anderes machen als die staatlichen Überbrückungsgelder zu beantragen. Nicht wenige Unternehmen, bis dahin grundsolide, sind dieser Krise ganz zum Opfer gefallen – und mit ihnen die Karrieren zahlreicher Topmanager. Aber Sie müssen nicht mit dem Schiff untergehen. Einige der Kandidaten beispielsweise, die ich im Jahr 2019 für Unternehmen der Hotelbranche angesprochen hatte, haben sich in der Zwischenzeit in Richtung IT-Branche aufgemacht, die als Gewinner aus der Pandemie hervorgegangen ist. Gut möglich, dass sie dort dann eine ganz andere Karriere machen, als sie vor COVID-19 jemals vermutet hätten.

Manchmal kommt der Vorwurf, so etwas sei feige – die Ratten verlassen das sinkende Schiff. Und natürlich beschäftigt das auch die betreffenden Manager, schließlich haben sie mit ihrer Führungsposition auch Verantwortung übernommen. Ich empfehle in solchen Fällen, sich an eben dieser Verantwortung zu orientieren, indem Sie sich die Frage stellen: Kann ich im Unternehmen Teil der Lösung werden? Oder bin ich nur Teil des Problems? Wenn Letzteres, ergibt sich gerade aus Ihrer Führungsverantwortung die Entscheidung zum Wechsel. Aber solange Sie noch die Chance haben, selbst eine aktive Rolle zu übernehmen: Just do it!

Denn diese Chance besteht nicht nur darin, irgendwie das Unternehmen oder die Abteilung durch die Extremsituation durchzuwurschteln, sondern auch darin, sich als Krisenmanager zu bewähren und somit für »Höheres« zu empfehlen, was während der Pandemie auch vielen gelungen ist. Damit folgen sie einem Muster, das wir auch in der Zeit vor weltweit zuschlagenden Viren beobachten konnten: Auffällig viele Topmanager der deutschen Wirtschaft haben sich zu Beginn ihrer Karriere für Betätigungsfelder entschieden, die außerhalb ihrer Komfortzone lagen, die ein gewisses Risiko des Scheiterns mit sich brachten, damit einhergehend aber auch die Chance, frühzeitig Verantwortung zu übernehmen, wahrgenommen zu werden und Förderer zu finden.

Experte für den Ausnahmezustand: Winston Churchill

Er war Soldat und Kriegsberichterstatter in mehreren Kolonialkriegen, im Ersten Weltkrieg britischer Marineminister – und nach Kriegsende erfolgloser Politiker. Wer nichts als Krieg kann, hat in Friedenszeiten schlechte Karten. Winston Churchill zog sich auf sein Schloss zurück, malte und schrieb Bücher; seine Karriere schien beendet. Aber als der nächste Krieg begann, war er genau der, den das Land brauchte. Zwei Tage nach dem Beginn des Zweiten Weltkriegs leitete er wieder die Marine, im Mai 1940 wurde er Premierminister – und gewann. Kaum war der Krieg vorbei, wählten ihn die Briten wieder ab. Für die neuen Friedenszeiten brauchten sie keinen Experten für Ausnahmezustände.

So wie die Krise gehört auch das Scheitern zur Karriere. Wenn Sie ganz oben mitspielen wollen, müssen Sie immer damit rechnen, dass Sie auf dem Weg dahin mindestens eine Niederlage einstecken müssen. Sie sollten das nicht einplanen. Vorhaben, bei denen Sie nur verlieren können, fangen Sie besser gar nicht erst an. Aber Sie sollten sich darauf vorbereiten, dass es dazu kommen kann, und wissen, wie Sie danach weitermachen.

Ich weiß, das sagt sich einfacher, als es ist. Jede Krise ist anders und man kann sich nicht auf jede vorbereiten: Für Pandemien à la Ebola war die ganze Welt gewappnet, aber für so etwas wie das Coronavirus hatte niemand einen Plan in der Schublade. Und lockere Sinnsprüche wie »Aufstehen, Krönchen richten, weitergehen« können ziemlich hohl klingen, wenn Sie tatsächlich am Boden liegen. Denn nicht jede Krise ist vom »Gelobt sei, was hart macht«-Typus. Die richtig fiesen Krisen, die, die einen fast zerstören, die machen einen nicht härter, sondern schwächer. Sie können zu Orientierungslosigkeit, Hilflosigkeit und Ohnmacht führen. Und Ohnmachtserfahrungen sind sehr, sehr nachhaltig. Im schlimmsten Fall fasst man danach nie mehr richtig Fuß; taumelnd wie ein angezählter Boxer, stolpernd wie ein angeschossenes Reh. Ich kenne Manager, die sich nicht von einer solch schweren Krise erholt haben.

Im Folgenden möchte ich Ihnen deshalb erläutern, wie Sie rechtzeitig erkennen können, dass sich etwas über Ihnen zusammenbraut, auf welche Stolpersteine Sie im Unternehmen besonders achten sollten, und wie Sie am besten mit Ihrer nächsten Krise fertig werden. Denn die kann kommen.

Frühwarnsysteme und Indikatoren

Sowohl für persönliche Krisen als auch für Unternehmenskrisen gibt es eine ganze Reihe von Warnzeichen – wie bei einem Gewitter, das am Horizont heraufzieht. Aber wir hören nicht darauf – wie beim Tsunami von 2006 oder im Juli 2021 bei der Flutkatastrophe im Ahrtal. Da werden die Warnzeichen unterschätzt, weil man in den dräuenden Wolken nur ein normales Gewitter vermutet, und nicht einen Tornado, der alles in seiner Bahn Liegende vernichtet. Oder die Zeichen werden nicht einmal wahrgenommen und Sie stellen nach Ihrem Rauswurf überrascht fest, dass alle im Unternehmen schon wussten, was Ihnen da blüht, außer Ihnen natürlich.

Oder, und auch das passiert leider häufig, man will keine Warnungen hören; und wenn man sie doch hört, will man sie nicht glauben. Das war das Schicksal, das der griechische Gott Apollon der Prophetin Kassandra auferlegte: Alle ihre Prophezeiungen waren wahr, aber keiner wurde geglaubt. Manchmal fühle ich mich ein bisschen wie Kassandra. So wie bei Anna V.: Als ich sie vermittelte, war sie die erste Frau, die in diesem Unternehmen einen Vorstandsposten bekam. Nach einiger Zeit zeichnete sich jedoch ab, dass es ihr nicht gelang, in die Closed Shops der Männerrunden hineinzukommen. Es wäre für das Unternehmen und auch für sie selbst wohl am besten gewesen, wenn sie von sich aus den Schritt gemacht hätte, da wieder herauszugehen. Das Unternehmen hätte gelernt, dass zur Öffnung und Modernisierung mehr gehört, als »jetzt eben mal 'ne Frau« zu engagieren, und sie hätte wieder frei atmen können. Ich hatte V. das erst angedeutet und dann auch direkt geraten, nicht darauf zu warten, dass sie gegangen werde, aber diesen Rat wollte sie nicht hören. Hätte sie sich darauf eingelassen, hätte sie riskiert, den Status zu verlieren, der mit einem Vorstandsposten verbunden ist; das wollte sie nicht, ob bewusst oder unbewusst. Als es kam, wie es kommen musste, war ihr Fall dann umso tiefer.

Das Problem ist also meistens nicht, dass es keine Anzeichen für eine drohende Gefahr gäbe, sondern dass wir nicht auf sie achten. Um sie zu erkennen und zu interpretieren, gibt es leider noch keine App, und es wird sie vermutlich auch nie geben. Das müssen Sie schon selbst machen. Sie müssen Ihre eigenen Gefahrenfelder identifizieren und dafür Frühwarnindikatoren erkennen. Bevor wir dazu kommen, worum es sich da handelt und wie Sie am besten vorgehen, sei eins vorausgeschickt: Sie müssen sich dafür Zeit nehmen. Und zwar wirklich nehmen, denn meistens sind wir so gehetzt von dem, was gerade passiert, dass wir nicht mehr zu dem kommen, was passieren könnte.

Eigentlich erfordert der Führungsjob Wachheit und Aufmerksamkeit. Im Meeting, beim Kunden oder beim Aufsichtsrat. Andererseits läuft der Job sehr schnell auf ein Monkey-Business hinaus, wo Sie gar nicht zum Durchatmen kommen. Eine Lösung dafür ist es, sich Puffer zu schaffen, um nicht im Tagesgeschäft aufgefressen zu werden. Und das hilft nicht nur im Meeting mit dem Kunden, sondern auch im Erkennen von herannahenden internen Gewittern.

Die Zeit, die Sie dafür brauchen? Fünf Minuten pro Tag. Fünf Minuten, in denen Sie nur bei sich sind und gleichzeitig aus sich herausgehen, sich quasi von außen betrachten. In diesen Minuten stellen Sie sich folgende Fragen:

- Deutet etwas darauf hin, dass der Unternehmensbereich, in dem ich tätig bin, in Zukunft weniger Relevanz hat?
- Bahnen sich im Unternehmen Entscheidungen oder Machtkämpfe an, bei denen ich mich positionieren sollte?
- Gibt es jemand, dem ich gefährlich werden könnte?
- Verhält sich jemand mir gegenüber anders als sonst?
- Fühlt sich jemand von mir bedroht?

Da es sich um Fragen handelt, bei denen Sie in erster Linie die Ereignisse und Erkenntnisse des vergangenen Arbeitstags vor Augen haben sollten, empfiehlt es sich, dafür einen regelmäßigen Slot nach der Arbeit zu reservieren, etwa auf dem Nachhauseweg, nach dem Abendessen oder vor dem Zähneputzen. Wenn Ihre Antwort in jedem Fall Nein heißt, kommen Sie mit den fünf Minuten locker aus. Bei einem Ja haben Sie ein potenzielles Gefahrenfeld identifiziert, mit dem Sie sich weiter beschäftigen sollten. Dann sollten Sie sich zusätzlich Gelegenheiten schaffen, um mit vertrauten Menschen zu reden, die kritisch und trotzdem wohlwollend sind und Ihnen eine Einschätzung von außen geben können.

Solche Gespräche können Sie natürlich ebenso führen, wenn gerade keine Gefahr droht. Im Kapitel über Karrierebegleitung habe ich darüber geschrieben. Aber auch wenn Sie nicht so der extrovertierte Typ sind, der sich gerne mit Vertrauten austauscht: In diesem Fall sollten Sie es tun.

Neben dieser regelmäßigen Übung einmal am Tag können bei der Arbeit Situationen auftreten, bei denen Sie ein ungutes Gefühl haben. Ein Meeting, bei dem Sie den Eindruck haben, dass Ihr Chef Sie auf dem Kieker hat, eine Information, die an Ihnen vorbeigelaufen ist, ein Projekt, das bei Ihnen hätte landen können, das aber jemand anders bekommen hat. Auch ganz anlasslos können solche Gefühle aufkommen, etwa wenn eine Ihrer Aufgaben Sie plötzlich langweilt.

Manchmal sind solche unguten Gefühle der Auslöser, um ein Coaching zu beginnen. Gerade wenn noch kein Unwetter losgebrochen ist, halte ich das für ein hilfreiches Instrument, um sich einen Überblick über die Situation und die eigene Position zu verschaffen. Aber ob mit oder ohne Coach: Beobachten Sie gut. Betrachten Sie die Situation nicht nur von innen, sondern auch von außen. Treffen Sie Ihre Vorbereitungen, solange Sie noch Zeit dafür haben.

Stolpersteine und der Umgang damit

Wenn mich im Interview ein Kandidat spontan überzeugt und ich ziemlich sicher bin, in ihm oder ihr eine sehr gut passende Person gefunden zu haben, fängt eine neue Frage an, in meinem Kopf mitzulaufen. Neben dem »Passt das?«, das von Anfang an dabei ist, erscheint dann: »Hält der das aus?« Ich weiß ja schon ganz gut über das suchende Unternehmen Bescheid, auch wenn es vorkommt, dass der Klient mir nur die Hälfte erzählt. Ich kenne den Bereich und die Aufgabe, um die es geht, und ich kenne zumindest einige der Personen, auf die es ankommt, vom CEO über den

Bereichsleiter bis zum Personalchef. Sie müssen ebenso zum Kandidaten passen wie umgekehrt der Kandidat zu ihnen. Eigentlich müssen sie sogar besser passen, denn beim Kandidaten kann man erwarten, dass er sich zumindest ein Stück weit an das neue Umfeld anpasst. Aber diejenigen, die dort schon seit Jahren oder Jahrzehnten den Ton angeben, werden die sich an einen neuen Manager anpassen, wie wichtig er auch ist? Eher nicht.

Wenn ich es für wahrscheinlich halte, dass die Chemie nicht stimmen würde, nehme ich deshalb sogar bei fachlich perfekter Eignung von einer Empfehlung Abstand. Wenn ich Zweifel habe, setze ich den Kandidaten zwar mit auf die Empfehlungsliste, weise aber den Kunden auf mögliche Nicht-Passungen hin. Zudem begleiten wir den Kandidaten bis zur Vertragsunterzeichnung und auch noch in der »Onboarding«-Phase der ersten Arbeitsmonate, sodass wir vermitteln können, wenn Reibungen entstehen. Dadurch haben wir eine sehr geringe Fehlerquote: Höchstens in einem Fall pro Jahr ist die Beziehung zwischen Kandidat und Klient doch nicht so erfolgreich, wie wir uns dies gewünscht hätten. Die Gründe dafür sind in diesem Fall wie so häufig vielfältig.

Aber natürlich gibt es auch keine Garantie dafür, dass die Beziehung auf Dauer gutgeht. Da gibt es externe Faktoren, die dazu führen können, dass man sich von einer Führungskraft wieder trennt, beispielsweise Übernahme, Fusion oder Restrukturierung. Und es gibt interne Faktoren, die dazu führen, dass man es doch nicht miteinander ausgehalten hat. Sie tauchen auf, wenn Fehler gemacht werden, von Ihnen, den anderen oder beiden. Sie fallen überwiegend in zwei Kategorien: Macht und Kultur. Ich nenne sie die Stolpersteine, denn man kann wegen ihnen fallen, aber ihnen auch aus dem Weg gehen. Wenn man sie rechtzeitig erkennt, kann man sein Verhalten ändern: in den Vorsichtsmodus oder die Warnstufe gehen, mit Bedacht agieren, sich absichern, einen Coach kontaktieren oder auch schon nach anderem Ausschau halten.

Die Machtfrage: Wenn Sie jemand anderem in die Quere kommen

Ein Klassiker: Sie wollen Karriere machen und nach oben kommen. Aber da oben sitzt schon jemand, der überhaupt nicht einsieht, warum er Ihnen Platz machen sollte. Anders als im Sport gibt es keinen objektiven Bewertungsmaßstab dafür, wer von Ihnen beiden den besseren Job macht, also läuft es in vielen Fällen auf die aus dem Tierreich bekannten Rangordnungskämpfe hinaus: Der Sieger übernimmt beziehungsweise behält die Macht im Revier, der Verlierer trollt sich in die hinterste Ecke oder verlässt das Revier ganz.

Manche Unternehmen schaffen bewusst solche Konstellationen und stellen neben den internen Kronprinzen einen externen Herausforderer. Oft informieren sie weder die Headhunterin noch die Beteiligten über ihr Vorhaben. Möge der Stärkere gewinnen!

Ob geplant oder ungeplant, vorinformiert oder nicht, hart oder knüppelhart: Solche Kämpfe müssen Sie aushalten und ausfechten. Denn sie passieren nicht nur in streng hierarchisch geprägten Unternehmen, sondern überall, wo es Führungspositionen und Verantwortlichkeiten gibt. Sie passieren zwischen Männern, zwischen Männern und Frauen und zwischen Frauen, werden dann allerdings mit jeweils unterschiedlichen Waffen ausgetragen. If you can't stand the heat, get out of the kitchen. Eine Vorstandsetage ist kein Ponyhof. Wer auf dieser Ebene angekommen ist oder sie erreichen will, sollte nicht nur Hermann Hesse und Rosamunde Pilcher gelesen haben, sondern auch Machiavelli und Sun Tzu.

Manchmal allerdings kommt die Machtfrage aus einer gänzlich unerwarteten Ecke. So passierte es Richard M. Ich hatte den Auftrag eines Unternehmens, einen neuen Vorstand von außen zu finden. Er solle in ein paar Jahren den Richtung Altersgrenze gehenden CEO ersetzen und zeitig genug einsteigen, um sich intensiv auf den Chefposten vorbereiten zu können. M. war der ideale Kandidat dafür und wurde in den Vorstand berufen. Normal wäre jetzt gewesen, wenn ein Konflikt mit einem der internen Vorstände ausgebrochen wäre, der sich ebenfalls Hoffnung auf den CEO-Posten machte. Aber das passierte nicht. Stattdessen gab es nach Jahren überraschenderweise einen Konflikt mit dem alten CEO, der fand, dass sich Richard M. zu sehr als CEO geriere. Hm, sollte er nicht genau dafür geholt werden? »Aber doch erst, wenn ich weg bin!«, bekam ich zur Antwort. M. musste gehen, und der Silberrücken ging dann eben ein paar Jahre später in Rente.

»Was hätte ich anders machen können?«, fragte M. mich hinterher. Oh, da fällt einem natürlich viel ein: Mäuschen spielen, dankbar sein, dem Chef die Tür aufhalten und die Tasche tragen, aber das wäre dann nicht M. gewesen. Ich hatte nach einem potenziellen CEO gesucht, und M. war ein CEO-Typ. Der spielt eben nicht Mäuschen. Klar, man kann politisch und taktisch agieren, und hin und wieder muss man das auch, aber wer will sich schon jahrelang verbiegen? Manchmal ist man eben zu gut für sein Umfeld.

Die Neidfrage: Wenn Sie jemandem das Licht wegnehmen

War im vorigen Abschnitt die Lektüreempfehlung eher im martialischen Sachbuchsegment, kann in diesem Fall ein bisschen Blättern in Klatschpresse und Liebesromanen nicht schaden. Denn bei der Neidfrage ist Ihre Überlegenheit und Brillanz nicht Teil der Lösung, sondern Teil des Problems. Wenn Sie neu in den Laden hineinschneien und dort zu strahlen beginnen, stellen Sie andere in den Schatten. Und wer bisher gewohnt war, sich in Anerkennung und Wertschätzung zu sonnen, wird not amused sein, wenn jemand anderes, nämlich Sie, einen Teil oder gar die gesamte Aufmerksamkeit absaugt.

Dabei muss es sich nicht einmal um einen direkten Konkurrenten handeln. Wenn Sie als neue Vertriebsleiterin Ihren Bereich aufpolieren und damit Erfolg haben, können Sie damit dem Chief Strategist oder dem Finanzvorstand auf die Füße treten und es nicht einmal merken. Das geht natürlich auch drei Ebenen tiefer:

Sie erregen als frisch gebackener Teamleiter die Aufmerksamkeit der Abteilungsleiterin und erhalten deren Anerkennung, und das nimmt Ihnen ein Sachbearbeiter übel, der bislang als Graue Eminenz der Abteilung besondere Aufmerksamkeit genoss.

Macht ist ein rationales Konzept: Man hat sie oder nicht, man kann darum kämpfen und den Kampf entscheiden. Neid hingegen ist emotional und manchmal sogar zutiefst irrational. Dafür gibt es keine Spielregeln, dafür lässt sich kein Schlachtplan aufstellen. Sie haben es da eher mit einem Beziehungsdrama zu tun. Wenn zwei Manager um Aufmerksamkeit kämpfen, ist das ein bisschen so, wie wenn zwei Frauen oder zwei Männer um einen Mann oder eine Frau kämpfen. Auch wenn Sie noch nie in ein Klatschmagazin hineingeschaut haben sollten, wissen Sie, wovon ich rede.

Ein dramatischer Wendepunkt in Kitschroman und Herzkino ist der Moment der Erkenntnis: Die neue Favoritin des Märchenprinzen begreift plötzlich, dass das Herz der Schlossverwalterin seit Jahren nur für den Prinzen schlägt, und dass sie sich nicht über dessen neue Liebe freut, sondern sie beseitigen will. Nach diesem Moment der Erkenntnis ist alles anders, die Begleitmusik wechselt von Geige zu Trommel, die Romanze wird zum Kampf, bis sich am Ende doch noch alles in Friede, Freude, Eierkuchen auflöst.

Ein solcher Moment der Erkenntnis würde auch Ihnen helfen. Gerade wenn Sie, wie die meisten Topmanager, keine Antenne für Kitsch und Romantik haben, achten Sie im Allgemeinen eher auf rational erklärbares Konfliktpotenzial. Aber wenn Sie eine emotionale Konfliktkomponente erst einmal ausgemacht haben, können Sie auch dafür Strategien entwickeln. Dabei geht es nicht so sehr darum, sich selbst kleinzumachen, sondern eher darum, auch die anderen strahlen zu lassen. Wenn Sie beispielsweise explizit auf die wertvolle Expertise von Herrn XYZ hinweisen, die zu einem bestimmten Ergebnis geführt hat, geben Sie ihm etwas von dem Licht ab, das sonst nur auf Sie fallen würde.

Und wie erkennen Sie ein emotionales Konfliktpotenzial? Am besten über den Flurfunk, falls Sie dazu einen Zugang finden – wobei der in der Regel kein Wort über dieses Beziehungsdrama verlieren wird, solange Sie mit an der Kaffeemaschine stehen. Ein anderer Weg geht über Äußerungen oder Verhaltensweisen, die Sie sich nicht erklären können, und über die Sie normalerweise achselzuckend hinweggehen. Wenn da etwas besonders merkwürdig ist: Merken Sie es sich. Versuchen Sie, eine Erklärung zu finden, reden Sie mit einer Vertrauensperson außerhalb des Unternehmens darüber, ob sich hinter einem rätselhaften Satz ein ganzes Beziehungsdrama verbergen könnte. Denn im Unterschied zu den Schmonzetten von Rosamunde Pilcher können Sie in Ihrem Drama nicht sicher sein, dass es ein Happy End gibt.

Die Kulturfrage: Jemand passt dann doch nicht ins Unternehmen

Unternehmen sind mehr als nur eine Ansammlung von Menschen und Maschinen. Sie können stärker sein als jeder CEO, ihre Eigenheiten können sogar Fusionen und Übernahmen überleben. Auch nach einem Jahrzehnt unter dem Dach von Daimler war Chrysler immer noch Chrysler, und obwohl der Zusammenschluss von Asea und BBC zu ABB schon mehr als drei Jahrzehnte zurückliegt, legen viele Beschäftigte immer noch Wert auf die Feststellung, ob sie in einem BBC- oder einem Asea-Werk arbeiten.

In den soziologiedominierten Nach-68er-Zeiten nannte man diese Eigenheiten »Unternehmenskultur«, in der von Wall Street und Silicon Valley dominierten Zeit um die Jahrhundertwende sprach man eher von »Corporate Vision« und »Corporate Mission«. Inzwischen sind wir im Biotech-Zeitalter angekommen und man spricht von der »DNA« eines Unternehmens. Gemeint ist jeweils in etwa das Gleiche, und als Psychologin bleibe ich gerne beim Kulturbegriff. Eine Kultur kann sich verändern (anders als die DNA), eine Kultur wird gelebt, nicht geschrieben (anders als die Corporate Mission), und zu einer Kultur kann man passen oder eben auch nicht. Darum geht es in meinem Job, und darum geht es auch für Sie.

Unternehmenskultur zeichnet sich durch das aus, was man schätzt und was nicht. Zu ihr gehört, wie man sich von innen sieht und wie man von außen gesehen wird. Wobei sich Innen- und Außensicht stark voneinander unterscheiden können, wovon sowohl Pharmakonzerne als auch Fußballklubs ein Lied singen können. Besonders drastisch zeigt sich das an dem Verein meiner Heimatstadt. Im offiziellen Vereinslied heißt es: »FC Bayern, Deutscher Meister, ja so heißt er, mein Verein. Ja so war es und so ist es und so wird es immer sein.« Im Song »Bayern« der Punkband Die Toten Hosen hingegen heißt es genrespezifisch drastisch: »Was für Eltern muss man haben, um so verdorben zu sein, einen Vertrag zu unterschreiben bei diesem scheiß Verein?«

Ganz so groß ist die Differenz zwischen Innen- und Außensicht bei Unternehmen nicht, aber sie existiert. Und damit kann es für Sie zu positiven oder negativen Überraschungen kommen, wenn Sie das Unternehmen, das Sie bislang nur von außen als Zuschauer wahrnahmen, jetzt von innen als Akteur kennen lernen.

Kommunikation als Kulturschock

Martina K. ist eine sehr wettbewerbs- und erfolgsorientierte Frau und hatte sich in einem Konzern bis in die oberste Etage emporgearbeitet. Weil sich dort keine weitere Perspektive bot, wechselte sie in eine andere Branche und in ein komplett anderes Setting – und scheiterte dort nach kürzester Zeit. K.s Problem waren dabei weder die Leistung noch der Branchenwechsel, sondern die Kommunikationskultur im neuen Unternehmen. Besser gesagt die Nicht-Kommunikationskultur: Man sprach dort nach innen wenig und nach außen überhaupt nicht. Natürlich wusste K. das vorher, aber nur in der Theorie, nicht in der Praxis. Die Differenz zwischen ihrem eigenen Anspruch an Kommunikation und der Wirklichkeit im Unternehmen stellte sich bald als unüberbrückbar heraus.

Wenn ich weiß, dass ein Kulturkonflikt droht, kann ich einen Kandidaten darauf vorbereiten. Aber natürlich habe ich auch keine wirkliche Innenansicht, sondern nur eine fundierte Außenansicht. Das hilft oft, aber nicht immer. Denn bei der Unternehmenskultur ist es wie beim Eisberg: Das eigentlich Interessante ist unter der Oberfläche. Was man nicht sieht, was einem nicht erzählt wird, was man erspüren muss.

Wie können Sie abschätzen, ob die Kulturen passen oder kollidieren? Ich empfehle Ihnen einen dreistufigen Weg.

1. Recherchieren Sie, um das Unternehmen so gut wie möglich von außen kennen zu lernen. Dazu gehören nicht nur die Produktpalette und die Bilanzdaten, sondern auch die Selbstdarstellung und die dort tätigen Personen.

2. Reden Sie mit jemand über das Unternehmen. Am besten mit jemand, der oder die dort schon gearbeitet hat, oder jemanden kennt, der oder die dort war oder ist. Wie sieht es dort aus? Was erwartet einen da?

3. Stellen Sie sich zwei Fragen: Was muss ich hier tun? Was darf ich hier auf keinen Fall tun? Schreiben Sie das Ergebnis auf ein Blatt Papier.

4. Schreiben Sie auf ein anderes Blatt, welche Werte Sie persönlich für besonders wichtig halten, legen Sie beide Blätter nebeneinander und vergleichen Sie die Antworten.

Für den Fall, dass Ihre Entscheidung zugunsten dieses Unternehmens ausfällt, können Sie sich als vierte Stufe beide Blätter auf Wiedervorlage nach Ihrem ersten Jahr im neuen Job legen und Ihre damalige Außenansicht mit der aktuellen Innenansicht vergleichen. Oder Sie verwenden Ihren Kulturtest als Spickzettel für Konfliktsituationen. Denn sowohl Konflikte mit Vorgesetzten als auch mit Untergebenen beruhen nicht selten auf unterschiedlichen Werten, die wiederum unterschiedlich in persönlicher und betrieblicher Kultur verankert sein können.

Intrigen erkennen und bewältigen

Unternehmen sind eine politische Gemengelage. Sie werden nicht nur Freunde haben. In manchen Konzernen gehört die interne Politik zu den wichtigsten Beschäftigungen – also Machtkampf und Intrigen. Die zweite Hauptbeschäftigung in solchen Konzernen heißt übrigens: Cover your ass – suche nicht den Erfolg, sondern versichere dich, dass im Fall des Misserfolgs nicht du daran schuld bist. Der immense Geschwindigkeitsvorteil von Start-ups rührt in erster Linie daher, dass sie solche Spiele nicht machen.

Wie können Sie sich vor Intrigen schützen? Deren Hauptmerkmal ist ja leider, dass Sie selbst nichts davon mitbekommen. Jedes Gespräch, das beendet wird, wenn Sie den Raum betreten, kann zu einer solchen Intrige gehören. Aber wenn Sie überall, wo theoretisch eine Intrige versteckt sein könnte, tatsächlich eine vermuten, kann das schnell in Richtung Paranoia ausarten. Das ist sehr ungesund. Vielleicht handelte es sich bei dem für Sie so verdächtig abrupt beendeten Gespräch ja nur darum, was die Abteilung Ihnen zum Geburtstag schenken will.

Andererseits kann es auch gefährlich werden, wenn Sie überhaupt nicht auf Intrigen gefasst sind. Sie sollten schon ein Gefühl dafür haben, wer einen Vorteil davon haben könnte, Ihnen zu schaden, und wer nicht. Und Sie sollten ein Gefühl dafür haben, wem Sie trauen können. Nicht unbedingt im Musketier-Sinne des »Einer für alle, alle für einen«. So funktionieren Unternehmen nicht. Und auch in den Netzwerken, in denen Sie sich befinden, sind die anderen ja nicht deshalb dabei, um Ihnen zu nützen, sondern sind in erster Linie auf ihren eigenen Vorteil bedacht. Das gehört ja zu einem Netzwerk auch dazu. Aber zumindest trauen in dem Sinne, dass Ihr Gegenüber das, was er Ihnen sagt, auch ehrlich meint.

Aus der Kombination der beiden Dimensionen Freund/Feind und ehrlich/falsch ergeben sich die folgenden vier Typen, mit denen Sie es in Ihrem beruflichen Umfeld zu tun haben können.

	Ist ehrlich	Ist falsch
Ist Feind	Nahkämpfer	Meuchelmörder
Ist Freund	Buddys	Opportunisten

Tabelle 6: Freund und Feind im Unternehmen

Nahkämpfer sind Leute, die in den Konflikt gehen können, die den Streit aushalten, manche haben sogar Spaß daran. Wenn Sie einen Nahkämpfer als Gegner haben, können Sie davon ausgehen, dass es um die Sache geht; bei einer anderen Auseinandersetzung kann er auch auf Ihrer Seite sein. Es gibt auch auf unteren Ebenen Nahkämpfer, aber selten: Immerhin gehört dazu, im Zweifelsfall auch Vorgesetzten zu widersprechen. Wenn Sie so jemanden unter Ihren Leuten haben, respektieren Sie ihn, auch wenn er mal nervt. Auf höheren Ebenen kommen Nahkämpfer häufiger vor. Eine gute Führungskraft muss es schließlich aushalten, dass der eine oder andere sich abwendet, wenn sie eine Entscheidung fällt.

Meuchelmörder gehen jedem Konflikt mit Ihnen aus dem Weg, achten aber genau darauf, ob Sie ihnen gefährlich werden können. Dieses Gefährlichwerden hat dabci nichts mit der Sache zu tun. Ihr Vergehen kann schlicht darin bestehen, dass Sie besser oder gar beliebter sind. Wenn er sich diese Meinung gebildet hat, ist der Meuchelmörder zum Kampf bis aufs Messer bereit, wobei er mit dem Messer von hinten kommt. Hinterher sagt er allen, also allen außer Ihnen, was ihm die ganze Zeit an Ihnen nicht gepasst hat. So werden Sie auch nach der Niederlage noch gedemütigt, und allen anderen wird die Warnung mitgegeben, nur ja nicht Ihrem Beispiel zu folgen. Leider sind Meuchelmörder gar nicht so selten: Es gibt viele, die falsch spielen. Und es gibt Umfelder, da können Sie nur scheitern.

Buddys sind die Einzigen, die Sie fragen können, wenn Sie spüren, dass etwas faul ist oder Sie unsicher sind. Meistens haben sie ein ähnliches bis gleiches Wertesystem wie Sie, wollen nicht so sehr Streit als vielmehr eine gute Zeit haben. Sie können echte Bundesgenossen sein, wenn es hart auf hart kommt. Aber auch das hat seine Grenzen: Selbst von Ihren Buddys können Sie nicht erwarten, dass sie sich für Sie in den Kampf stürzen, wenn erst einmal klar ist, dass der Chef Sie loswerden will. Am Ende ist man immer alleine.

Opportunisten sind so lange auf Ihrer Seite, wie sie sich davon am meisten versprechen können. Und sie haben keine Probleme damit, sofort die Seiten zu wechseln, wenn der Wind von anderswoher weht. Daraus müssen Sie keine Moralfrage machen, aber Sie sollten wissen, woran Sie sind. Für viele Menschen ist der Job nun mal ein existenzielles Thema und sie sind deshalb auch dazu bereit, sich viel und oft zu bücken, um den Job zu behalten.

Dieser Vorschlag für eine grobe Einordnung Ihres beruflichen Umfelds erhebt keinen Anspruch auf Allgemeingültigkeit. Er soll Ihnen lediglich dabei helfen, Ihre Lage zu sortieren, um gegen Intrigen gewappnet zu sein. Und je nachdem, wie Sie Ihre Karriere aufbauen wollen, können Sie auch den einen oder anderen Typ für sich nutzen. Ich würde Ihnen allerdings nicht empfehlen, eine solche Einordnung in Ihrem Umfeld bekannt zu machen. Niemand mag es gern, in Schubladen gesteckt zu werden. Auch Sie nicht.

Krisenmanagement davor, mittendrin und danach

In der Corona-Pandemie haben wir den Begriff »Präventionsparadox« kennen gelernt: Die Maßnahmen, um Infektionen zu vermeiden, funktionieren so gut, dass eine Infektionswelle verhindert wird und viele Menschen vor Krankheit und Tod geschützt werden. Statt Dank erntet man aber nur Unmut der Bevölkerung: Wenn so wenig passiert, warum haben wir dann überhaupt so einschneidende Maßnahmen ertragen müssen? There is no glory in prevention …

So etwas gibt es auch in der Wirtschaft. Das Risikomanagement arbeitet so gut, dass praktisch nichts mehr schiefgeht. Anstatt das zu feiern, kann die neu gewonnene Sicherheit dazu verleiten, dann eben noch gewagtere Geschäfte zu machen. Es wird schon gutgehen. Und das tut es ja auch – bis es doch nicht mehr gutgeht. So in etwa ist die Finanzkrise von 2008/09 entstanden und auch so manche Firmenpleite beruht auf solchem Übermut.

Was den persönlichen Umgang mit Krisen angeht, kann ich diese Verhaltensweise nicht empfehlen. Die beste Krise ist eine, die gar nicht erst passiert, und im bisherigen Teil dieses Kapitels ist viel davon die Rede, wie Sie mögliche Konflikte erkennen und vermeiden können. Das macht Leben und Arbeiten angenehmer. Mit den Krisen, die von außen an Ihr Unternehmen heranbranden, haben Sie auch ohnehin schon genug zu tun. Und wem es dadurch zu ruhig wird, der möge sich lieber am Wochenende ins Bungee-Jumping stürzen als unter der Woche in Machtkämpfe.

Aber wenn es dennoch zu Konflikten kommt? Das schauen wir uns jetzt an. Aber auch in diesem Abschnitt beginne ich mit dem, was bisher mein Thema war: die Prävention.

Vor der Krise: Lösungsversuche und Gefechtsbereitschaft

Ja, es gibt Situationen, da kann es fatal wirken, Frieden zu schließen. Das Münchner Abkommen von 1938 zum Beispiel: Um einen Krieg zu vermeiden, überließen England und Frankreich Deutschland einen Teil der Tschechoslowakei, was Hitler in seiner Ansicht bestärkte, dass er es mit Schlappschwänzen zu tun habe, und seine Kriegslust weiter anfachte. Allerdings halte ich es für unwahrscheinlich, dass Ihre innerbetrieblichen Gegner mit Diktatoren vergleichbar sind.

Deshalb ist meine erste Priorität immer, einen drohenden Konflikt durch Gespräche zu entschärfen. Wenn es rein um die Sache geht und wenn die Gegenseite mit offenem Visier kämpft, haben Sie dabei gute Chancen: Dann sollten beide Seiten feststellen können, dass sie ein gemeinsames, übergeordnetes Interesse haben, nämlich den Erfolg des Unternehmens. Unter diesem schützenden Dach kann jede Seite inhaltliche Zugeständnisse machen, ohne dadurch das Gesicht zu verlieren.

Aber auch wenn Sie auf diesem Weg nicht weiterkommen, bietet er Ihnen doch wertvolle Erkenntnisse. Falls Sie wissen, dass es einen Konflikt gibt, und die Gegenseite darauf ansprechen, die aber behauptet, es sei alles in Ordnung, wissen Sie, dass Sie es mit einem Gegenspieler vom Typ Meuchelmörder zu tun haben, und können Ihre Strategie dementsprechend ausrichten. In dieser Situation ist ein mehr als 2000 Jahre alter Ratschlag von Cicero hilfreich: Si vis pacem para bellum – Wenn du den Frieden willst, bereite dich auf den Krieg vor. Auf jeden Fall sollte diese Vorbereitung mental stattfinden, aber es kommt zusätzlich auch eine gezielte Ressourcenallokation infrage, zum Beispiel, indem Sie Ihre Truppen in der Grenzregion zum Gegner verstärken, etwa durch ein neues Projekt-Team, das den Konfliktraum bespielt.

Wenn Sie bei dieser Vorbereitung feststellen, dass Ihre Truppen nicht stark genug sind oder psychisch nur bedingt kampfbereit, oder wenn Sie schlicht keine Lust auf diese Art von Kriegsspielen haben, ist auch ein strategischer Rückzug möglich. Zum Beispiel indem Sie vorschlagen, eine heikle Entscheidung nicht jetzt und hier zu treffen, sondern sie zu vertagen, um die Alternativen klarer herausarbeiten zu können. Das nimmt den Druck aus der aktuellen Situation und ermöglicht es zudem, den Konflikt von der emotionalen zurück auf die rationale Ebene zu bringen.

In der Krise: die Kunst des Kämpfens

Jetzt geht es um eine Entscheidung. Und wenn sich hier zwei oder gar mehr Fronten gebildet haben, muss diese Entscheidung erkämpft werden. Spätestens jetzt wäre es eine gute Idee, sich die *Kunst des Krieges* von Sun Tzu zu besorgen und zu prüfen, was Sie davon für Ihre aktuelle Auseinandersetzung verwenden können. Denn wie bei einem echten Gefecht in einem echten Krieg wissen Sie vorher nicht, wie es verlaufen wird, wie lange es dauert und wie es ausgeht. Fronten können sich verhärten oder verschieben, Verbündete können überlaufen oder Reißaus nehmen, und irgendein Zufall oder ein externes Ereignis kann den Gefechtsverlauf auf den Kopf stellen. Im Ersten Weltkrieg wurde einmal eine Schlacht in Westafrika zugunsten der deutschen Truppen entschieden, weil zwischen den Fronten ein Bienenschwarm aufgeschreckt worden war, der die Engländer und ihre Verbündeten attackierte.

Unabhängig von der Konfliktsituation und dem Ablauf des Kampfes können für Sie zwei Ressourcen von entscheidender Wichtigkeit sein: innere Stärke und Unterstützung von außen. Denn wenn man den Kampf ganz alleine führt, sind erstens die Chancen zu gewinnen schlechter und zweitens fühlt es sich nicht so gut an.

Bei der eigenen inneren Stärke spielt bei mir Zen eine große Rolle. Nicht nur in Konfliktsituationen, sondern auch sonst. Aber Sie müssen das nicht nachmachen. Es geht ja darum, dass Sie in *Ihre* innere Kraft kommen, nicht in meine. Das kann auch ein Spaziergang mit dem Hund oder ein Karaoke-Abend sein. Oder das Aufsuchen eines Kraftortes in der Natur.

Bei der Unterstützung von außen ist für viele die Familie wichtig. Und das natürlich nicht als Bataillon im Kampf, sondern als ein sicherer Ort und auch als Gelegenheit, sich mal aussprechen zu können. Was das Auffangen und das Zur-Ruhe-Kommen angeht, spricht in der Tat viel dafür, denn genau dafür hat man Familie und Partner. Aber Ratschläge in der Krise, das ist schon nochmal etwas anderes. Meine Faustregel hierfür: Ein Partner, dem Sie vertrauen und der Ihnen über lange Zeit schon eine Stütze war, kann auch eine Stütze in der Krise sein. Sonst sollten Sie sich eher eine professionelle Unterstützung holen.

Nach der Krise: Aufräumen und bewältigen

Einen Kampf kann man gewinnen oder verlieren. Wenn Sie gewonnen haben, werden Sie wenig Ratschläge brauchen, vielleicht sogar gar keine annehmen wollen. Deshalb hier nur kurz: Der größere Erfolg besteht nicht darin, den Krieg zu gewinnen, sondern den Frieden. Sie sind weder Unternehmer noch Diktator, Sie sind Manager. Sie sind in den Konflikt hineingegangen, um den Nutzen des Unternehmens zu mehren (und auch Ihren Nutzen). Nach der Krise sollte es jetzt nicht darum gehen, Ihnen Denkmäler zu bauen, sondern weiterhin ganz schlicht und rational darum, den Nutzen des Unternehmens zu mehren. Das ist Ihr Job.

Ganz anders liegt der Fall, wenn Sie verloren haben, wenn Sie gescheitert sind. Ja, wir haben hundertmal gelesen, dass Scheitern dazugehört, und es danach wieder besser wird, und dass wir daraus auch etwas lernen können, aber es fällt uns trotzdem nicht leicht, das auch zu akzeptieren. Vielleicht liegt es an der Evolution, in der Scheitern allzu oft den Tod bedeutete: Wenn man dem Löwen mit einem Speer gegenübersteht, hat man keinen zweiten Versuch. Und vielleicht liegt es daran, dass wir zu viele Hollywood-Filme gesehen und dadurch eine völlig wirklichkeitsfremde Vorstellung von Leben und auch Karriere haben. Das Scheitern passt nicht in das Stark-Erfolgreich-Sexy-Weltbild, das uns da vermittelt wurde.

Also, Sie sind gescheitert und es fühlt sich grässlich an. Wie können Sie das verarbeiten?

Das kommt erst einmal darauf an, wie Sie diesen Satz betonen. Ist es eher ein »Ich bin *gescheitert*«? Dann handelt es sich vor allem um eine Herausforderung für Sie selbst. Damit können Sie so verfahren wie damals, als Sie gelernt haben, Fahrrad zu fahren: Natürlich sind Sie da mal umgefallen, haben den Lenker verrissen oder zu spät gebremst. Hätten Sie sich da resigniert in die Ecke gesetzt und sich bemitleidet, hätten Sie nie Fahrradfahren gelernt. Nein, Sie sind wieder aufgestanden und haben weitergemacht, und irgendwann hat es geklappt. Auf den aktuellen Fall übertragen heißt das also: analysieren, welche Fehler Sie gemacht haben, überlegen, wie Sie es hätten besser machen können, und beim nächsten Mal zeigen, dass Sie es besser können. Ich will ja nicht, dass Sie nach dem Sturz von der Bühne das Theater verlassen. Sie sollen sich auf den nächsten Auftritt vorbereiten.

Ganz anders, wenn Sie eher das Gefühl des »*Ich* bin gescheitert« haben. Denn dann geht es nicht um taktische Finessen oder strategische Ausrichtung, sondern um Ihre Psyche. Sie sind gekränkt, Sie sind verletzt, Sie zweifeln an sich selbst. In diesem Fall hilft es nicht, den Fehler zu suchen und weiterzumachen. Zuerst müssen Sie über den Schock hinwegkommen, den Sie erlitten haben. Das ist ähnlich wie beim Ende einer Partnerschaft. Auch da wollen die meisten sich am liebsten sofort in eine andere Beziehung stürzen. Aber wenn Sie noch am Ende der alten Beziehung knabbern, haben weder Sie noch Ihr neuer Partner etwas davon. Im Unternehmen ist das nicht anders: Knabbernde Mitarbeiter will kein Arbeitgeber haben.

Wenn Ihnen ein Scheitern so nahe geht, liegt das in der Regel nicht an der Niederlage selbst, sondern an dem Kontrollverlust und der Ohnmacht, die Sie dabei empfunden haben. Gerade wenn Sie es gewohnt sind, immer selbst Ihr Schicksal in die Hand zu nehmen, ist es sehr bedrohlich, auf einmal nichts tun zu können, nicht zu wissen, wie Ihnen geschieht, und das Schicksal nicht abwenden zu können. Und wenn es richtig heftig wird, zieht Ihr Körper für Sie den Stecker: Man wird krank, bricht zusammen. Wie ein Albtraum, nur in der Wirklichkeit.

Es ist wichtig, dass Sie nach einem solchen Scheitern persönliche Distanz gewinnen, um reflektieren zu können, was da eigentlich schiefgelaufen ist. Mit ruhigerem Geist, mit Abstand, mit Perspektivenwechsel noch einmal draufschauen. Und, ganz wichtig, mit anderen zusammen. Oft hilft es schon, wenn man jemand anderem von seinem Albtraum erzählt.

Aber wem? Wenn Sie wollen, fangen Sie mit einem Barkeeper an. Der hört so was öfter. Aber vor allem brauchen Sie in dieser Situation Leute, die nicht nur zuhören, sondern die Sie auch unterstützen können. Wenn es Freunde sein sollen, müssen es gute Freunde sein, mit denen Sie auch in besseren Zeiten immer wieder Kontakt gehalten haben. Damit nicht Ihr »Du, ich habe ein Problem«-Anruf der erste seit 17 Jahren ist.

Meine Empfehlung ist aber: Holen Sie sich professionelle Hilfe. Sie sind schwer verletzt worden, nicht körperlich, aber psychisch. Es gibt Experten, die genau auf die Behandlung solcher schweren Verletzungen spezialisiert sind. Das sind keine Psychoklempner, sondern diejenigen, die Sie jetzt brauchen.

10.
Wie Sie besser gefunden werden

Auch wenn ich schon mehrere Tausend Gespräche mit Kandidaten geführt habe, und auch wenn es noch viele weitere Headhunter gibt, die auch viele Gespräche führen, gibt es Millionen von Beschäftigten, bei denen noch nie einer von uns angerufen hat.

Vielleicht wollen sie das gar nicht: Von den Personen, bei denen unser Research-Team anruft, möchte knapp die Hälfte gar nicht den Arbeitgeber wechseln, möglicherweise gehören Sie ja auch dazu. In der Regel werden ohnehin nur etwa 30 Prozent derjenigen, die wir für eine neue Position kontaktieren, zum Interview eingeladen.

Aber selbst wenn Sie nicht wechseln wollen, dann wollen Sie vermutlich dort, wo Sie sind, weiterkommen. Und dafür müssen Sie es schaffen, dass jemand auf Sie aufmerksam wird und Ihnen mehr zutraut als das, womit Sie gerade beschäftigt sind. Dafür brauchen Sie interne Sichtbarkeit.

Und wenn Sie sich wünschen, dass die Headhunterin klingelt, dann brauchen Sie externe Sichtbarkeit. Denn irgendwie müssen wir ja auf Sie aufmerksam werden.

Sichtbarkeit: Das bedeutet Kommunikation und das bedeutet Selbstmarketing. Davon handelt dieses Kapitel.

Warum wird man nicht automatisch gefunden?

Marketing ist ein schwieriges Thema. Erst recht, wenn es um einen selbst geht. Deshalb möchte ich zuerst auf zwei Einwände eingehen, die mir häufig begegnen.

Der erste Einwand: Muss man denn überhaupt trommeln? Reicht es nicht, einen guten Job zu machen? Heißt es nicht, Qualität ist das beste Rezept?

Ja und nein. Selbstmarketing bedeutet keineswegs, dass Sie mit einem »I am the Greatest«-Shirt und ebensolcher Pose herumstolzieren. Das wichtigste Instrument in Ihrem Selbstmarketing-Werkzeugkasten muss natürlich sein, dass Sie einen guten Job machen. Sichtbarkeit um der Sichtbarkeit willen kann sonst nämlich dazu führen, dass jeder Sie kennt, aber niemand Ihnen etwas zutraut. Wie schon der US-Werbeguru William Bernbach sagte: »A great advertising campaign will make a bad product fail faster. It will get more people to know it's bad.«

Ja, da ist was dran: Qualität ist das beste Rezept. Aber wie viele Werbemillionen hat Dr. Oetker dafür ausgegeben, dass Sie diesen Spruch kennen und ihn, zumindest unterbewusst, mit den Produkten dieser Marke verbinden? Ich würde deshalb den Oetker-Slogan etwas abändern: Qualität ist ein notwendiger Bestandteil für Karriere – aber noch nicht das ganze Erfolgsrezept. Arbeiten Sie besser als andere *und sprechen Sie darüber*. Sonst kann es Ihnen passieren, dass Sie sich als fleißige Arbeitsbiene profilieren, aber eben eine von vielen Arbeitsbienen bleiben.

Und der zweite Einwand: Warum wird man immer noch nicht automatisch gefunden? Es sind doch schon über jede Person so viele Daten irgendwo im Netz verstreut. Wenn Google alles findet, warum dann nicht auch den für mich passenden Job? Und wenn die Amazons und die Facebooks und die Booking.coms dieser Welt seit Jahrzehnten ihre Algorithmen mit dem füttern, was wir liken und posten und suchen und, und, und – dann kann es doch nur noch eine Frage der Zeit sein, bis der passende Job mehr oder weniger automatisch zu mir kommt.

Ja, das klingt logisch. Und vielleicht ist es wirklich nur noch eine Frage der Zeit. Aber bis diese Zeit tatsächlich anbricht, könnte Ihnen die Zeit lang werden. Denn, mal ehrlich, so gigantisch sind die Erfolge nicht, die die Amazons und Facebooks mit ihren Servern und Algorithmen bisher erreicht haben. Amazon ist Marktführer vor allem wegen seiner Kundenfreundlichkeit und Zuverlässigkeit, aber nicht, weil es so viel Nutzen aus unseren Kundendaten produziert. Und bei Facebook geht es offensichtlich viel weniger darum, Menschen zusammenzubringen, als vielmehr darum, sie gegeneinander aufzubringen.

Bei den großen Visionen, was alles aus Daten gezaubert werden kann, bin ich also eher skeptisch. Aber natürlich arbeitet auch unser Unternehmen intensiv an dem, was in unseren Geschäftsfeldern tatsächlich mit Daten erreicht werden kann. Mit Daten als Werkzeug, nicht als Heilsbringer.

Beim derzeitigen Stand der Technik sind in der Personalsuche Maschinen und Algorithmen insbesondere für das Screening gut geeignet. Wenn wir beispielsweise aus der Gesamtheit aller Millionen LinkedIn-Profile all diejenigen herausfinden wollen, die sich als Experte für Suchmaschinenoptimierung bezeichnen, in der EU wohnen und Sprachkenntnisse in Kisuaheli besitzen, landen wir automatisiert bei ein paar Dutzend Personen. Das kann sehr hilfreich sein. Und die Werkzeuge für den Umgang mit den Daten aus sozialen Netzwerken werden auch immer professioneller.

Aber um von diesem Screening-Ergebnis mit ein paar Dutzend potenziellen Kandidaten bis zu der einen Person zu kommen, auf die der Job am besten passt und die den Job dann auch noch annimmt, dafür gibt es noch keine brauchbare technische Lösung. Vielleicht kann es sie auch gar nicht geben. Denn wenn Sie unter Tausenden potenziellen Kandidaten auf Platz eins des Rankings landen, gibt es dafür drei wahrscheinliche Erklärungen:

Ihre Daten sind fehlerhaft. Durch einen Zahlendreher stehen bei Ihnen 51 Jahre Berufserfahrung, oder Ihre Hausnummer ist in das Feld mit der Zahl Ihrer Fremdsprachen gerutscht.

Ihre Daten sind manipuliert. Ihr Lebenslauf beschreibt eher die Karriere, die Sie sich erträumt haben, als Ihre reale Laufbahn, oder Sie bescheinigen sich selbst fließende Sprachkenntnisse in Kisuaheli, obwohl Sie nur einmal auf Urlaub in Kenia waren.

Ihre Daten stimmen tatsächlich. Glückwunsch, zumindest gemäß der angewendeten Suchkriterien sind Sie wirklich Superwoman beziehungsweise Superman. Aber werden Sie dann auch tatsächlich den Job annehmen, um den es gerade geht?

Technisch mag es also durchaus möglich sein, eine Künstliche Intelligenz dahingehend zu programmieren, dass sie den besten Match zur neuen Position aus allen vorhandenen Profilen heraussucht. Aber auch dann wäre noch ein persönliches Gespräch sinnvoll, um zu prüfen, ob Ihre Papierform auch stimmt. Und da dabei häufiger aus dem KI-Match ein Real-Life-Mismatch werden dürfte, wäre es auch sinnvoll, sich nicht nur die Nummer eins, sondern vielleicht auch noch die Nummern zwei bis fünf gründlich anzuschauen.

Merken Sie was? Für den Auftraggeber, also das suchende Unternehmen, käme beim Einsatz einer solchen KI-Anwendung formal das Gleiche heraus wie bei einem Suchauftrag an eine Headhunterin: Ihm werden fünf Kandidaten vorgeschlagen und aus diesen fünf muss er diejenige Person herausfinden, die wirklich am besten passt. Nur dass im einen Fall die Vorschläge einzig auf Daten beruhen, und im anderen Fall auf Daten und einer zusätzlichen Vorauswahl, der ein persönlicher Eindruck aus Gesprächen zugrunde liegt.

In dieser Konkurrenzsituation können die Algorithmen dort ihre Stärken ausspielen, wo große Mengen an Interessenten mit großen Mengen an offenen Positionen zusammenkommen. Das betrifft also eher Standardpositionen, und in diesem Bereich sind die Matching-Systeme der Jobplattformen und sozialen Netzwerke auch schon gut unterwegs – und das für jede beliebige Spezialisierung, Regionalisierung, Berufserfahrung. Unternehmen, die aus dem Technologiesektor kommen, steigen in diesen Markt ein und beschleunigen die Entwicklung und den gesamten Suchprozess.

Aber je höher man auf der Karriereleiter steigt, desto weniger geht es um Masse und die Papierform, und umso mehr um das Individuum. Gerade für Toppositionen sind Daten kaum entscheidend – da zählt die Persönlichkeit. Um die Headhunter-Branche und um meinen eigenen Job ist mir deshalb noch lange nicht bange. Die Branche verändert sich, bewegt sich in Richtung datengestützter, strukturierter Auswahlprozesse. Mir gefällt das, denn ich beurteile lieber meine Kandidaten, als dass ich sie suche.

Aber zurück zu Ihnen und Ihrer Sichtbarkeit. Denn die wird durch neue Technologien nicht automatisch besser, sondern sie beruht nur auf teilweise anderen Kriterien. Wie gesehen, gehören die Daten aus sozialen Netzwerken zu den wichtigsten Quellen für Matching-Systeme und KI-Algorithmen, beim Job-Matching insbesondere die Daten aus LinkedIn. Und diese Daten werden zu einem guten Teil von Ihnen selbst geteilt und gepflegt. Gerade weil Millionen Nutzer dort regelmäßig posten, liken und updaten, erhalten deren Daten einen höheren Informationswert. Ob Sie bei Jobsuchen gefunden werden – und wenn ja: bei welchen? Und von wem? –, hängt also stark von Ihrem Selbstmarketing ab.

Sichtbarkeit und Aufmerksamkeit

Arbeiten Sie besser als andere und sprechen Sie darüber. Dann werden Sie auch gefunden, wenn Kandidaten für eine attraktive Position gesucht werden. Dieses Erfolgsrezept gilt sowohl für Ihre Karriere innerhalb eines Unternehmens als auch für Karrieresprünge zu anderen Unternehmen. Allerdings müssen Sie für Ihr internes Selbstmarketing andere Zutaten verwenden als für das externe – und Sie müssen diese Zutaten anders zubereiten.

Im Folgenden betrachte ich die vier Selbstmarketingaufgaben, die sich hieraus ergeben, und gehe detailliert auf das meiner Meinung nach wichtigste Instrument ein, das Ihnen dabei jeweils zur Verfügung steht:

- Steigerung der internen Aufmerksamkeit durch **Performance,**
- Steigerung der internen Sichtbarkeit durch **Netzwerken,**
- Steigerung der externen Aufmerksamkeit durch **Veranstaltungen,**
- Steigerung der externen Sichtbarkeit durch **Medien.**

	von innen	von außen
Aufmerksamkeit	Performance	Veranstaltungen
Sichtbarkeit	Netzwerken	Medien

Tabelle 7: Selbstmarketing – Methoden, um Aufmerksamkeit und Sichtbarkeit zu erzeugen

Interne Aufmerksamkeit durch Performance

Wenn ein Unternehmen eine systematische Personalarbeit macht, begleitet es Sie vom Eintritt ins Unternehmen bis zu Ihrem Ausscheiden. Und wenn Sie besonders wertvoll für das Unternehmen sind oder das Potenzial haben, besonders wertvoll zu werden, wird man versuchen, Sie zu halten und zu entwickeln. Man muss erst gar nicht auf Sie aufmerksam werden, denn man hat Sie schon auf dem Radar, und das von Anfang an.

Aber ich verwende hier wohl besser den Konjunktiv: Man müsste erst gar nicht auf Sie aufmerksam werden, denn man hätte Sie schon auf dem Schirm. Denn wenn eine solche Personalarbeit die Regel wäre, bräuchte man ja kaum noch Headhunter, weil die frei werdenden Führungspositionen passgenau mit den High Potentials des eigenen Nachwuchses besetzt werden könnten. Da sich die Headhunting-Branche aber guter Gesundheit erfreut, kann es mit dieser Art systematischer Personalarbeit nicht überall weit her sein.

Das wird sich ändern, allein schon aus demografischen Gründen. Der »War for Talents« verschärft sich aufgrund der immer kleiner werdenden Generationen, die neu ins Berufsleben kommen. Der Vorstand muss mehr als früher darum besorgt sein, dass gute Leute bleiben und nach oben kommen. Der Druck auf die Personalabteilungen wächst, und immer häufiger gibt es dort ganze Teams, die tagein, tagaus nichts anderes machen sollen, als High Potentials im eigenen Unternehmen zu finden.

Und es gibt eigene Technologien dafür. Denn es steht eine Fülle von unternehmensinternen Daten zur Verfügung, aus denen digitale Tools Potenziale herausfiltern können müssten. Trotzdem klappt das in vielen Fällen nicht. Oder vielleicht klappt es *noch* nicht, weil die Software-Werkzeuge dafür noch nicht gut genug sind. Ich vermute allerdings eher, dass auch in diesen Fällen, trotz wirklich komfortabler Datenlage, die Daten alleine viel weniger aussagen als der persönliche Eindruck. Aber vielleicht findet ja irgendeine Personalabteilung doch eines Tages den Stein der Weisen beziehungsweise der Talente …

Sie sehen: Auch wenn es tendenziell immer mehr zum Problem des Unternehmens wird, die besten Leute zu finden, zu fordern und zu fördern, bleibt es doch fürs Erste noch Ihr Problem.

Wie lösen Sie es? Durch Performance. Am besten für die innerbetriebliche Karriere ist es, wenn Sie der richtige Problemlöser für die aktuelle Herausforderung sind. Und dafür ist entscheidend, was Sie können. Zumindest auf den unteren Ebenen bis zum mittleren Management. Wenn Sie auf den oberen Etagen angekommen sind, geht es mehr darum, dass Sie Ihren Bereich beziehungsweise das ganze Unternehmen so führen können, dass Ihre Leute es schaffen, das Problem zu lösen. Aber wenn Sie so weit oben sind, können Sie ohnehin die Frage, wie man intern auf Sie aufmerksam wird, als beantwortet ansehen.

Weiter unten ist das nicht so einfach. Denn ob dann Ihre Performance überhaupt wahrgenommen wird, hängt sehr stark von Ihren direkten Vorgesetzten ab. Selbst wenn die erkennen sollten, dass mehr in Ihnen steckt, als Sie derzeit tun, haben manche ein Interesse daran, dass niemand sonst darauf aufmerksam wird. Entweder, weil sie das beste Pferd in ihrem Stall verlieren, wenn Sie nach Höherem streben, oder weil sie es nicht mögen, dass Untergebene an ihnen vorbeiziehen. Schön für Sie, wenn Sie einen Chef haben, der an Ihrer Entwicklung arbeitet und sich darüber freut, denn selbstverständlich ist das nicht. Und günstig für mich, wenn Sie einen Chef haben, der es nicht so gut mit Ihnen meint, denn damit gehören Sie zu dem Personenkreis, der am besten abwerbbar ist.

Und wie können Sie Ihre Performance zeigen, wenn Sie Ihre Performance nicht zeigen dürfen? Am besten in Meetings. Bei Besprechungen kommt man schließlich häufig mit Kollegen und Vorgesetzten aus anderen Abteilungen oder Bereichen zusammen, da bieten sich immer wieder Gelegenheiten, positiv aufzufallen. Und selbst wenn es dort in erster Linie um die Rolle geht, die Sie derzeit ausfüllen – ein wenig können Sie dort auch Ihre Persönlichkeit jenseits der Jobbeschreibung durchblitzen lassen. Und ganz unabhängig davon, wie Sie mit Ihrem Chef zufrieden sind, kann es nicht schaden, auch mal den Chef vom Nachbarressort zu beeindrucken.

Eine besonders große Chance bietet sich Ihnen natürlich, wenn Sie aus der zweiten oder dritten Reihe ganz nach oben gerufen werden, um dort etwas zu präsentieren. Eine bessere Bühne für Ihre eigene Performance werden Sie kaum bekommen. Allerdings reicht es nicht, auf der Bühne zu stehen. Man muss dann schon auch singen können.

Und dann gibt es noch zwei Möglichkeiten, mit Performance zu punkten, die nicht jedermanns Sache sind und nicht nur Chancen, sondern auch Risiken bieten: das Ansprechen von internen Konflikten und das Übernehmen von Himmelfahrtskommandos.

Interne Konflikte gibt es überall. Die meisten davon werden nicht angerührt, was es aber auch nicht besser macht. Es kann für Ihre Karriere ein absoluter Booster sein, in einem solchen Konflikt einmal sehr klar die Dinge auf den Punkt zu bringen, weil man so etwas im Allgemeinen nur von Managern auf einer höheren Ebene erwartet. Zu deren Führungsaufgaben gehört es, dass sie Probleme adressieren und nicht einfach wegmoderieren. Aber was Ihre Eignung zu Höherem unter Beweis stellen kann, kann genauso gut als unzulässige Überschreitung Ihrer Kompetenzen ausgelegt werden. Es hängt also sehr stark von Ihrer Persönlichkeit, von Ihrem politischen Geschick und von der Kommunikationskultur im Unternehmen ab, ob es sich lohnt, interne Konflikte offen anzusprechen.

Der zweite heikle Punkt sind Himmelfahrtskommandos, also Aufgaben, bei denen Sie kaum Lorbeeren ernten werden oder mit hoher Wahrscheinlichkeit scheitern. Der Vorteil dabei: Weil das Scheitern schon von vornherein erwartet wird, können Sie eigentlich nicht mehr negativ, sondern nur noch positiv überraschen. Der Nachteil: Es kann Ihnen trotzdem passieren, dass Sie später nicht mit der Übernahme einer kaum lösbaren Aufgabe verbunden werden, sondern mit dem Scheitern. Das wäre zwar nicht rational, aber auch Vorgesetzte und Vorstände sind nur Menschen, und die agieren eben nicht immer rational.

Manche sprechen in solchen Fällen von »Trümmerfrauen-Jobs«. Das mag abwertend klingen und ist oft auch so gemeint, aber es passt ganz gut. Denn oft sind es Frauen, die den Schutt wegräumen, den Männer vorher produziert haben.

So wie Birgit Breuel, die zwischen 1991 und 1994 als Chefin der Treuhandanstalt so ziemlich die gesamten Ex-DDR-Unternehmen abwickeln musste. Je nachdem, wo man politisch steht, wird die Verantwortung für den Kollaps der DDR-Industrie eher Karl Marx, Erich Honecker, Helmut Kohl oder Wolfgang Schäuble zugeschrieben. Alles Männer.

So wie Manuela Better, die 2010 die Skandalbank Hypo Real Estate übernahm, die vorher von Vorstand Georg Funke und Aufsichtsratschef Kurt Viermetz so krachend gegen die Wand gefahren worden war, dass es im September 2008 kurzfristig so aussah, als könne die Pleite der HRE das gesamte europäische Finanzsystem mit in den Abgrund reißen.

So wie Christiana Figueres, die 2010 die Leitung der UN-Klimarahmenkonvention übernahm, kurz nachdem Barack Obama und Xi Jinping den Klimagipfel von Kopenhagen hatten platzen lassen. Aus diesen Trümmern baute Figueres eine neue Strategie für den globalen Kampf gegen den Klimawandel, die 2015 in jenem Pariser Abkommen gipfelte, auf das sich alle Staaten der Welt einigen konnten.

Auch wenn Ihr Himmelfahrtskommando eine Nummer kleiner sein dürfte als der Klimawandel oder die Abwicklung einer Volkswirtschaft: Sie müssen sich darauf einstellen, dass Sie mit diesem Job im Feuer stehen. Es ist eine »One moment in time«-Situation, die nach oben oder nach unten ausschlagen kann. Wenn es gut geht, wird es Ihre Feuertaufe, wenn Sie Pech haben, sind Sie verbrannt. Es ist Ihre Entscheidung.

Interne Sichtbarkeit durch Netzwerken

Sichtbarkeit im Unternehmen war früher viel stärker als heute tatsächlich wörtlich gemeint: Es ging in erster Linie darum, wer mit wem wo gesehen wird. Wer isst mit wem in der Kantine? Wessen Fahrzeug steht wo auf dem Firmenparkplatz? Wer steht an welcher Stelle im Verteiler? Wer benimmt sich wie auf dem Betriebsfest? Das hat sich inzwischen stark geändert: in den Homeoffice-Zeiten der Pandemie sowieso, aber auch schon vorher durch die Digitalisierung vieler Abläufe. Kommunikation findet zu einem großen Teil elektronisch statt, und ein großer Teil davon funktioniert über Netzwerke.

Netzwerke können offen oder geschlossen sein, locker oder fest, öffentlich oder im Stillen gepflegt, thematisch oder persönlich motiviert sein, intern, extern oder beides; es gibt nichts, was es nicht gibt, und alles läuft nebeneinander her. In Netzwerken sind Sie sichtbar, können in verschiedenen Rollen agieren und verschiedene Interessen verfolgen. Aber um Interessen geht es immer. Ein Netzwerk ist kein Kaffeeklatsch (auch wenn Klatsch natürlich dazugehörigen kann), sondern ein Investment: Sie investieren Zeit und Kreativität in den Aufbau von Beziehungen, die sich früher oder später als nützlich erweisen sollen.

Je größer die Rolle von Netzwerken, desto besser müssten diejenigen abschneiden, die netzwerken können. Denn das können nicht alle gleichermaßen. Ich identifiziere hier immer wieder zwei sehr unterschiedliche Karrieretypen: die einen setzen mehr auf die Leistung, die anderen mehr auf das Beziehungsthema. Bei Topmanagerinnen der ersten Generation dominieren klar die Performancetypen – allein schon deshalb, weil sie weitgehend ohne Netzwerk ihren Weg machen mussten. In die Old Boys Networks kamen sie nicht hinein und ein New Girls Network kann man nun mal schlecht aufmachen, wenn man im Unternehmen die einzige Frau in einer Führungsposition ist. Bei den in jüngerer Zeit nachgerückten und weiterhin nachrückenden Managerinnen ist hingegen der Netzwerkansatz stark ausgeprägt, und das auch gerade über Unternehmensgrenzen hinweg.

Problematisch können Netzwerke sein, in denen Sie vor allem mit Kolleginnen und Kollegen mit ähnlichen Funktionen zusammenkommen. Dort besteht die Gefahr, dass Sie alle um die gleichen Beförderungen konkurrieren, und das kann schnell in Hauen und Stechen enden. Wenn in einem Netzwerk viele unterschiedliche Funktionen vertreten sind, kann man sich hingegen ganz gut in die Karten spielen.

Netzwerken kann durchaus mit Ihrer Performance in Konflikt kommen: Wer auf der After-Work-Party beim Bier zusammensitzt, macht in dieser Zeit eben nicht die Extra-Meile am Computer. Und für jede externe Veranstaltung, die Sie besuchen, brauchen Sie Zeit und Aufmerksamkeit, die Sie auch intern hätten einsetzen können. Dafür gibt es keine Zauberformel – Sie werden schon selbst herausfinden müssen, wie die für Sie beste Balance aussieht. Denn für Karriere müssen Sie beides können: sowohl Beziehungen managen als auch selbst Leistung bringen.

Sie werden ebenfalls selbst herausfinden müssen, welche Netzwerkkultur in Ihrem Unternehmen herrscht und wie Sie sich darin positionieren. So gibt es Unternehmen mit extrem starker Performancekultur, etwa bei McKinsey oder den meisten Investmentbanken. Da müssen Sie nicht nur Leistung bringen, sondern auch noch aufpassen, dass nicht ein anderer Ihnen Ihren Erfolg wegschnappt. Wenn jeder Kollege ein potenzieller Konkurrent ist, kommt man mit Netzwerken nicht weit.

Genau den gegenteiligen Effekt gibt es in Unternehmen mit ausgeprägter Kontrollkultur. Wenn ständig von oben nur Druck und Misstrauen kommt, wird es geradezu überlebenswichtig, dass man unten zusammenhält.

Ein Thema für sich ist, wie man erkennen kann, in welcher Kultur man eigentlich gelandet ist. Denn anders als Vision und Mission steht die Firmenkultur nicht auf der Homepage Ihres Unternehmens. Und es wird auch nur selten darüber gesprochen. Kulturen kann man schlecht erklären, man muss sie erspüren.

Auch bei meinen Interviews spielt das Kulturthema eine Rolle. Denn wenn ein Kandidat zwar fachlich gut zur offenen Position passt, aber überhaupt nicht zur Kultur des Unternehmens, hält die Beziehung meistens nicht lang. Mit einer Frage habe ich dabei als Türöffner zu diesem Thema gute Erfahrungen gemacht: »Was wären Dinge, die ich an meinem ersten Tag in der Firma auf keinen Fall machen dürfte?« Damit kann ich mich sowohl an die Kultur des Unternehmens annähern, in dem der Kandidat derzeit tätig ist, als auch in der Folge an seine eigene Einstellung dazu.

Externe Aufmerksamkeit durch Veranstaltungen

Fangen wir mit zwei ganz einfachen, fast identischen Fragen an.

1. Interessiert es **die Welt**, was Sie bei der Arbeit machen?
2. Interessiert es **die Fachwelt**, was Sie bei der Arbeit machen?

So ähnlich die Fragen klingen, so unterschiedlich dürften Ihre Antworten darauf ausfallen. Die meisten von Ihnen werden auf die erste Frage wohl mit Nein antworten. Wenn Sie nicht gerade an der Entwicklung eines Impfstoffes gegen Krebs arbeiten, dürfte das auch eine ziemlich realistische Einschätzung sein. Als Manager sind Sie für die Firma, in der Sie arbeiten, extrem wichtig – aber für die Menschheit ziemlich unwichtig.

Bei der zweiten Frage hingegen wird Ihre Antwort vermutlich ein Ja gewesen sein, oder zumindest ein »teils-teils« oder »kommt drauf an«. Ihr Unternehmen sitzt schließlich nicht auf dem Mars, sondern auf der Erde, und ist dort in diversen Kontexten eingebettet. Es gehört zu einer Branche und zu (mindestens) einem Standort, es hat Kunden, Lieferanten, Wettbewerber, es arbeitet mit Technologien und Strategien, die sich genauso ändern können wie die Welt drumherum. All das kann Ihr Unternehmen für einen Teil der Außenwelt interessant machen, und da Sie eine Funktion in diesem Unternehmen haben, kann dieses Interesse auch dem gelten, was Sie tun und zu sagen haben.

Damit steht der bei weitem geeignetste Ort fest, um für Sie selbst Aufmerksamkeit zu erregen: ein Ort, an dem Ihre Fachwelt zusammenkommt, ob analog, digital oder hybrid. Und dieser Ort heißt in der Regel Messe oder Konferenz. Bei der Messe stehen tendenziell mehr die Firma und ihre Produkte im Vordergrund, bei einer Konferenz eher Sie selbst. Schließlich sind Sie es, der dort teilnimmt oder vorträgt.

Auch wenn Sie an einer solchen Veranstaltung als Person teilnehmen: Sie treten dort auch in Ihrer mit dem Unternehmen verbundenen Funktion auf. Diese Funktion steht im Mittelpunkt, dieser Rolle sollten Sie entsprechen. Allein schon, damit sich niemand fragt, wann Sie eigentlich Ihre Arbeit machen, wenn Sie ständig auf irgendwelchen Veranstaltungen auftauchen. Die Veranstaltung muss klar ein Teil Ihrer Arbeit sein. Sie können dabei sicherlich eigene Akzente setzen, aber auch die sollten sich aus Ihrer Funktion heraus erklären. Wenn es beispielsweise zur Strategie des Unternehmens gehört, als modernes Unternehmen wahrgenommen zu werden, können Sie auch als Schraubenhändler auf einen Digitalkongress gehen. Auch ein Blick über den Tellerrand der eigenen Branche lässt sich gut argumentieren. Die meisten Jobs sind heute hochgradig arbeitsteilig konzipiert, Hyperfokussierung ist deshalb üblich. Der so verengte Blick sollte hin und wieder geweitet werden, denn das Neue entsteht vor allem dort, wo verschiedene Bereiche und Sichtweisen zusammenkommen. Aber ein Schwerpunkt sollte dort liegen, wo sich zumindest einige der anderen Teilnehmer für Ihr Unternehmen oder Ihre Funktion interessieren. Also bei der für Sie relevanten Fachwelt. (Was diese Fachwelt ist, müssen Sie allerdings selbst definieren.)

Unter dieser Voraussetzung haben Sie gute Chancen, nicht nur für die Firma und die Funktion zu sprechen, sondern auch auf Ihre eigenen Leistungen und Fähigkeiten aufmerksam zu machen. Immerhin könnten viele der Teilnehmer dort Ihre zukünftigen Chefs oder Kollegen sein, oder von jemandem wie meinen Researchern gefragt werden, ob sie denn jemanden aus der Branche empfehlen können. Da spielt es schon eine wichtige Rolle, welchen Eindruck Sie bei einem Vortrag oder einer persönlichen Begegnung in der Kaffeepause gemacht haben.

Während ich also den Besuch von Veranstaltungen uneingeschränkt empfehle, die nahe an Ihrer Funktion liegen, bin ich bei anderen Veranstaltungen eher ambivalent. Es gibt ja eine ganze Reihe von Events, die auf eine allgemein gehaltene Wirtschaftselite abzielen: von Medienwirtschaftsgipfeln wie bei der *Süddeutschen Zeitung* oder der *Welt* über den Neujahrsempfang bei Ihrer IHK bis zum Baden-Badener Unternehmerdialog und, als Sahnehäubchen, dem World Economic Forum in Davos. Sollen Sie sich auch bei solchen Events blicken lassen?

Klar, wenn Sie nach Davos eingeladen werden, gehen Sie selbstverständlich hin. Da diskutiert die globale Elite auf höchstem Niveau. Kein anderes Forum schafft das so exzellent wie Davos. Und es ist, nebenbei, auch eine schöne Übung in Demut: In Ihrem alltäglichen Berufsfeld mögen Sie wichtig sein und vieles dreht sich um Sie, aber in Davos, hinter den sieben Bergen, da gibt es Hunderte, die als deutlich wichtiger wahrgenommen werden als Sie.

Ansonsten sollten Sie sich ehrlich die Frage stellen, ob Sie denn zu demjenigen Elitelevel gehören, das mit der jeweiligen Veranstaltung verbunden wird. Und dabei sollten Sie diese Frage wohlgemerkt nicht nur aus Ihrer eigenen Sicht heraus beantworten, sondern auch aus der Sicht Ihres Umfelds. Das muss schon passen, denn sonst kann schnell Neid oder Spott aufkommen, und beides sollten Sie nicht anstreben.

Externe Sichtbarkeit in Medien

Journalisten erzählen Geschichten. Das ist ihr Job. Aber es ist nicht *Ihr* Job. Außer natürlich, wenn die externe Kommunikation zu Ihrem Jobprofil gehört. Ansonsten gilt für fast alle von uns: Der Job, den Sie machen, interessiert da draußen nicht. Und das, was da draußen interessieren würde, das können Sie nicht erzählen.

Von meinem Job beispielsweise würden viele Journalisten vor allem Namen interessieren: Welche Vorstände habe ich vermittelt? Für wen habe ich schon einen Nachfolger gesucht, obwohl er noch scheinbar fest auf seinem Stuhl saß? Wo hat es gekracht, wer hat silberne Löffel geklaut und so weiter. Aber zu meinem Job gehört es eben, all das *nicht* zu erzählen. In diesem Buch finden Sie zwar viele Beispiele aus meiner Tätigkeit, aber in jedem Fall anonymisiert.

Auch wenn Ihr Job mutmaßlich ein ganz anderer ist, eins gilt auch für Sie: Sie arbeiten in einem Unternehmen, nicht für sich selbst. Dem immer wieder zu hörenden Ratschlag, man solle seine eigene Marke werden, muss ich entschieden widersprechen. Für Selbstständige ist es sinnvoll und ratsam, sich eine eigene Marke aufzubauen. Aber eine eigene Marke als angestellter Manager, das geht selten gut. Sie sollen Ihren Job machen, nicht Popstar werden.

Ich sehe zwei Hauptprobleme bei der Medienpräsenz von Managern:

1. Neid. Egal wie gut Ihr Unternehmen in dem Artikel, in dem Sie auftauchen, wegkommt: Es wird immer jemand geben, der darin vor allem eine Selbst-PR für Sie sehen wird. Sie werden sichtbarer – und andere nicht.

2. Kontrollverlust. Sie haben die Medien nicht in der Hand. Die wollen eine schöne Geschichte erzählen, aber es geht ihnen nicht darum, die für Sie beste Geschichte zu erzählen. Da kann es Ihnen passieren, dass Sie einem bekannten Wirtschaftsmagazin ein Interview über Ihre Arbeit geben, und veröffentlicht wird eine Geschichte darüber, wie Sie gescheitert sind. Und selbst wenn nichts an diesem Artikel stimmen sollte, können Sie ihn nicht mehr zurückholen.

Medienschelte vom Aufsichtsrat

Daniel K. ist Neueinsteiger und eine Art Hoffnungsträger im Vorstand des Konzerns. Grund genug für das *Handelsblatt*, einen Gesprächstermin mit ihm auszumachen und danach einen Artikel über ihn zu veröffentlichen. Sowohl K. als auch das Unternehmen kamen dabei sehr gut weg. Trotzdem bekam er noch am gleichen Tag dazu eine etwas verkniffene Mail von einem Aufsichtsrat: »Ist ja schön, Ihr Porträt im *Handelsblatt* … Hoffentlich werden die Vertriebszahlen bald auch so gut.«

Angesichts dieser Risiken würde ich Ihnen empfehlen, Ihre Medienpräsenz eng mit der Unternehmenskommunikation zu verzahnen. Das hilft Ihnen insbesondere, falls eine Geschichte schiefläuft: Besser die Presseabteilung kümmert sich um die passende Entgegnung als Sie als persönlich Betroffene. Und von Ihren hauptberuflichen Kommunikatoren können Sie auch eine fundierte Einschätzung erwarten, inwieweit ein Artikel über Sie (auch) der Firma nutzt.

Auf jeden Fall sollten Sie sich mit der Unternehmenskommunikation abstimmen, wenn Sie eine Anfrage für eine Geschichte über Ihr Privatleben bekommen und diese Geschichte machen wollen. Zwar geht Ihr Privatleben das Unternehmen eigentlich nichts an, aber wenn Sie damit an die Öffentlichkeit gehen, dann schon.

Solche Anfragen sind gar nicht so selten, gerade weil das Alltagsgeschäft von Managern selten spannende Geschichten abwirft. Neustart mit der zweiten Frau, die Hobbys, wie man den Stress bewältigt, die Wohnzimmer der Manager – das sind nur vier Beispiele von Hunderten. Nein sagen können Sie immer: Jeder muss für sich entscheiden, wo die Privatheit anfängt, was man will und was nicht. Aber wenn Sie Ja sagen, wird das Private schnell (unternehmens-)politisch. Es darf nicht der Eindruck entstehen, dass Ihnen Marathonlauf wichtiger ist als die Zahlen Ihres Unternehmens.

Nur eine Situation gibt es, in der die Verzahnung mit der Unternehmenskommunikation, vorsichtig ausgedrückt, weniger wichtig ist: wenn Sie auf dem Absprung sind und eher Angebote von außen suchen als Aufstieg im Konzern. Dann geht es bei der Medienpräsenz kaum noch um das Unternehmensinteresse, sondern tatsächlich um Selbst-PR. Das geht so weit, dass ich bei Managern, die plötzlich in den Medien auftauchen, erst einmal eine solche Veränderungsbereitschaft annehme.

Aber wenn Sie etwas zu sagen haben, und das mit den Medien offensichtlich schwierig ist? Da gibt es inzwischen eine ganz einfache Lösung: Sagen Sie es selbst. Dafür gibt es soziale Medien. Wobei: Wenn es um berufliche Sichtbarkeit geht, gibt es eigentlich nur eins: LinkedIn. Facebook ist zu platt, Twitter ist zu kurz, und Instagram zu bildstark und inhaltsschwach. Manchen Unternehmenslenkern folge ich auf Instagram, um herauszufinden, wie und was sie an Botschaften transportieren. Manchmal verstehe ich die Intention nicht. Ein Versicherungs-Topmanager wird auch nicht hipper, wenn er einen Instagram-Account bespielt. Bestenfalls wird er der Hippe unter den Spießigen und dann kann man es auch lassen.

Also bleiben wir besser bei LinkedIn. Dort können Sie sowohl aus Ihrem beruflichen Kontext berichten als auch zu gesellschaftspolitischen Fragen Stellung nehmen. Man kann so sehen, was Sie persönlich bewegt, was Sie gerade lesen, oder Sie können etwas teilen, das Ihnen bei anderen aufgefallen ist. Sie kreieren so Ihr Image und haben selbst in der Hand, wie Sie sich darstellen. Und Sie können davon ausgehen, dass dies in der Regel neben Google eine der ersten Informationsquellen ist, die jemand konsultiert, der etwas über Sie in Erfahrung bringen will.

Gibt es etwas, was Sie dort nicht sagen sollten? Ich empfehle Ihnen, die Frage erst einmal andersherum zu stellen: Was will ich sagen? Wenn Sie eine Botschaft haben, von der Sie finden, dass sie gehört werden soll, sagen Sie es. Die Grenze setzt nicht das Thema, sondern Ihre Expertise. Sie können sich auch zur Afghanistan-Politik der Bundesregierung äußern, aber dann sollten Sie sich damit auch auskennen.

Das größere Fehlerpotenzial liegt meines Erachtens nicht im *Was*, sondern im *Wie* und im *Wie oft*. Zum *Wie*: bitte keine Selbstbeweihräucherung. Wenn Sie immer wieder auf LinkedIn erzählen, wie großartig Sie sind, drängt sich Ihren Lesern eher der Verdacht auf, dass Sie nicht gar so großartig sind, denn sonst hätten Sie das ja wohl kaum nötig. Wenn Ihnen dann überhaupt Leser bleiben, finden sie Ihr Eigenlob langfristig weder spannend noch unterhaltsam.

Und zum *Wie oft*: Sie sind weder ein Influencer, der ständig präsent sein muss, noch eine Zeitung, die einmal täglich erscheinen muss. Wenn Sie etwas zu sagen haben, sagen Sie es. Und wenn Sie an einem Tag dreimal etwas zu sagen haben, dann auch das. Aber Sie sollten es genauso aushalten, zwei Wochen lang nichts zu posten.

Und noch eine Bitte: Wenn Sie etwas zu sagen haben, sagen Sie es selbst. Ihr LinkedIn-Profil soll Ihre Persönlichkeit zeigen, nicht die einer PR-Agentur.

11.
Sich selbst führen

In diesem Buch war viel von Weichenstellungen die Rede. Von den großen Wendepunkten im Leben. Wie Sie dorthin gelangen und wie Sie damit umgehen, wenn es so weit ist.

Jeder dieser Wendepunkte ist gewissermaßen ein Ausnahmezustand, eine Extremsituation. Normalerweise können Sie ziemlich gut voraussagen, wie sich Ihr Leben in den nächsten Minuten, Tagen, Wochen weiterentwickeln wird: nämlich so wie bisher. Aber in diesen speziellen Situationen ist fast alles möglich. Und je nachdem, wie Sie diese Situation bewältigen, bewegt sich Ihr Leben auf neuen, anderen Bahnen weiter.

Wir Menschen können das. Körper und Geist sind von der Evolution gut darauf trainiert worden, mit Extremsituationen klarzukommen. Und sei es auch nur dadurch, dass diejenigen, die nicht damit klarkamen, den Löwen oder der Hungersnot zum Opfer fielen. Nur wenn die Gefahr von mehreren Seiten gleichzeitig kommt, von rechts der Löwe, von links das Feuer, und vorne die Schlucht, geraten wir in Panik. Im »normalen« Ausnahmezustand hingegen hilft uns das Stresshormon Adrenalin.

Aber der Ausnahmezustand ist dadurch definiert, dass er eine Ausnahme ist. Dass er nicht ewig währt und dass auf einen Stress nicht sofort der nächste folgt. Das Leben ist keine Aneinanderreihung von Extremsituationen, auch das aufregendste Berufsleben nicht. Unser Körper muss entspannen können, unser Geist auch.

Ganz am Anfang habe ich Louis Pasteur zitiert: »Der Zufall begünstigt nur den vorbereiteten Geist.« Das könnte verstanden werden, als müssten Sie ständig auf den Ausnahmezustand vorbereitet sein. So wie die Atomstreitmacht der USA, die in jeder Sekunde bereit sein muss, einen atomaren Erstschlag Russlands, Chinas oder Nordkoreas abzuwehren oder zumindest zu erwidern. Permanente Spannung mag ein Zustand für eine Supermacht sein, aber es gibt keine Supermenschen.

Deshalb empfehle ich Ihnen ausdrücklich nicht, in ständiger Anspannung auf den nächsten Zufall, die nächste günstige Gelegenheit, die nächste Extremsituation zu warten, denn ein zu hohes Maß an solchen Extremsituationen ist ungesund. Conan Doyles Super-Detektiv Sherlock Holmes sehnte, immer auf dem Sprung, den nächsten Fall und das nächste Rätsel förmlich herbei, aber wenn es gerade keinen Fall gab, spritzte er sich Kokain (was zu seiner Zeit in England nicht verboten war), um eine Extremsituation künstlich herbeizuführen. Man kann sich gesündere Zeitvertreibe vorstellen … Friedrich Nietzsche, der vom Übermenschen gesprochen hatte, schrieb im Jahr 1888 in fiebriger Hast fünf Bücher und unzählige Briefe, im Januar 1889 unterzeichnete er wahlweise mit »Gott« oder »Der Gekreuzigte« und brach danach völlig und endgültig zusammen. Zu viele Extremsituationen. Auch wenn Manager selten im Wahnsinn landen: Die Burnout-Raten steigen. Viele sind doch nicht so resilient, wie sie selbst meinen.

Wenn das Außergewöhnliche, das Gefährliche Sie magisch anzieht, wenn Sie ständig den nächsten, noch besseren Kick suchen, sind Sie an der Börse oder beim Skydiving wahrscheinlich besser aufgehoben als im Management. Denn da gibt es Adrenalin *und* Aktennotizen, Extrem-Events *und* Orga-Meetings. Da müssen Sie Alltag und Ausnahmezustand beherrschen, und nicht von ihnen beherrscht werden.

Ich empfehle dafür: Bleiben Sie bei sich. Wittern Sie nicht in jedem Wort, in jeder Mail ein Risiko oder eine Chance, leben und arbeiten Sie aus Ihrer inneren Kraft heraus. Nicht wie ein Privatdetektiv aus Londons Baker Street, sondern wie ein Jedi aus der Star-Wars-Galaxis.

Die Kraft von innen

Ich bin keine Bewohnerin der eben genannten Star-Wars-Galaxis und ich habe nicht jeden Film der Reihe sofort eingeatmet. Aber ich bin beeindruckt von der Jedi-Philosophie und von dem Stellenwert, der dort der inneren Kraft zukommt. Eine Kraft des Geistes, aus der ein Triumph über die Außenwelt erwächst. »May the Force be with you« würde ich deshalb nicht übersetzen mit »Möge die Macht mit dir sein«, sondern mit »Möge die Kraft mir dir sein«.

In seiner Kraft sein – das halte ich für die zentrale Eigenschaft, mit der Ihre Persönlichkeit Karriere macht. In seiner Kraft zu sein ist etwas, das sich nicht auf eine spezifische Tätigkeit bezieht. Es liegt außerhalb des Jobs. Es liegt in Ihnen. Es ist also etwas anderes als beispielweise Konzentration, Fokussierung oder Motivation, die sich alle jeweils innerhalb des Jobs abspielen. Die Begriffe Charisma oder Präsenz kommen dem näher, was ich hier meine.

In seiner Kraft sein – dafür muss man den Job loslassen können. Muss sich aus sich selbst heraus definieren und akzeptieren können, nicht aus der beruflichen Rolle heraus. Sie müssen dafür weder Ihren Job aufgeben noch sich davon distanzieren. Aber Sie sollten dafür eine innere Unabhängigkeit haben, die Sie weiter aufrecht stehen lässt, selbst wenn es mit dem Job morgen vorbei wäre.

Kann man innere Unabhängigkeit lernen? Nicht wirklich. Man hat sie, oder man hat sie nicht. Was man tun kann: sich Optionen verschaffen, sein Profil regelmäßig aktualisieren, Kontakt zu Headhuntern halten, das eigene Netzwerk pflegen, um dann, wenn es ernst wird, selbstständig agieren zu können und nicht auf Gnade oder Wohlwollen anderer hoffen zu müssen.

Ob Sie diese innere Unabhängigkeit tatsächlich haben, oder es nur glauben, ob Sie tatsächlich in Ihrer Kraft sind oder auf wackligen Beinen stehen, stellt sich im Praxistest leider erst heraus, wenn es kracht, wenn Ihnen ein Projekt oder gleich der ganze Job um die Ohren fliegt. Wenn Sie just dann, wenn es hart wird, lernen müssen, dass Sie sich die ganze Zeit etwas vorgemacht haben, trifft es Sie gleich doppelt hart.

Ich empfehle deshalb einen einfachen Crashtest. Stellen Sie sich vor, sowohl Sie als auch Ihr Unternehmen wären jeweils eine Aktie. Zählen Sie dann einem potenziellen Investor mindestens drei Gründe auf, warum er Ihre Aktie kaufen soll, und nicht die Ihres Arbeitgebers. Die Gründe, die Sie dafür finden, stehen für Eigenschaften, die Ihnen unabhängig von Ihrer augenblicklichen Rolle Wert verleihen; für eine Kraft, die von innen kommt.

Und wie macht man es, in der eigenen Kraft sein? Da gibt es kein »man« im Sinne eines Rezepts. Da gibt es viele mögliche Mittel. Das Mittel, das ich dafür regelmäßig verwende, heißt Meditation. Auch wenn es viele verschiedene Spielarten der Meditation gibt (mehr über meine Spielart im nächsten Abschnitt), können Sie in keiner davon über den Job meditieren – es geht darum, an etwas ganz anderes zu denken, oder auch, wie bei mir, an nichts zu denken. Durch das Meditieren werden Sie innerlich ruhiger, kommen zu sich, gewinnen zu Ihren Problemen mehr Distanz und können dann die Dinge auch besser von außen sehen.

Aber Ihre Kraftquelle kann auch ganz woanders sprudeln. Für viele Führungskräfte ist Sport das Mittel der Wahl: auf Berge klettern, Fahrradfahren, Marathon oder auch Triathlon. Man verausgabt sich, aber für sich selbst. Oder man verausgabt sich gerade nicht, und zieht sich zu festen Zeiten aus dem Stress heraus. Für eine Siesta am Nachmittag (es müssen ja nicht gleich drei Stunden sein wie in Spanien) oder für eine Runde Spazieren gehen nach der Arbeit. Oder ein Buch lesen auf dem Lieblingssessel. Wobei dieses Buch dann nichts mit dem Job zu tun haben sollte. Es sollte Sie stark machen. Für diesen speziellen Fall empfiehlt sich also eher Schiller als Schorp …

So wichtig es für Ihre Karriere ist, dass Sie in Ihrer Kraft sind – es ist nicht nur dafür wichtig, sondern es ist vor allem für Sie wichtig. Sie stärken und verbessern damit Ihre Persönlichkeit. Indem Sie an sich selbst arbeiten, werden Sie die beste Version von sich selbst.

Wohlgemerkt: Es geht nicht darum, der oder die Beste im Wettbewerb mit anderen zu sein. Karriere ist kein Hochsprungwettbewerb, bei dem alle über dieselbe Latte hüpfen. Wenn es wirklich das entscheidende Kriterium wäre, der Beste zu sein, dann müssten ja die Besten alle CEOs sein, aber das ist nun wirklich nicht der Fall.

Wenn Sie einen Job nicht bekommen haben, obwohl Sie meinen, dass Sie hervorragend darauf passen, muss das nicht daran liegen, dass jemand anderes objektiv besser war. Neulich hatte ich einen Kunden, der einen Kandidaten nur aufgrund des Fotos abgelehnt hat. Der Lebenslauf und alle Daten hätten hundertprozentig gepasst, aber nein, es sollte nicht sein. Glauben Sie nicht, dass da auf der anderen Seite eine rationale Entscheidungsmatrix steht. Ich versuche bei meiner Vorauswahl sowohl Kopf als auch Bauch zu berücksichtigen, aber bei manchen Kunden kann der Bauch manchmal zu 80 Prozent entscheidend sein.

Es ist also nicht immer so, dass die Besten gewinnen. Häufig verlieren sie. Aber dennoch sollten Sie versuchen, das Beste aus sich herauszuholen und an sich zu arbeiten. Stellen Sie nicht einen Maßstab von außen in den Mittelpunkt, indem Sie versuchen, besser als die Konkurrenz zu sein, sondern sehen Sie den Maßstab in sich selbst. Dann kann zwar passieren, dass Sie heute verlieren, aber es erhöht die Chance, dass Sie morgen gewinnen.

Affengewitter im Kopf

Wahrscheinlich kennen Sie das schon mit den Ratschlägen zum Innehalten, mit Anti-Stress- und Fitnessprogrammen, mit Diät und Yoga und, und, und. Aber Sie kommen eben nicht dazu. Viel zu viel zu tun, und wenn Sie sich dann vornehmen, jetzt aber wirklich mal etwas zu ändern, dann kommt, zack!, die nächste Krise, Intrige, Pandemie um die Ecke.

Ja, so ist sie, diese Welt. Und das wird auch nicht besser werden.

Und wahrscheinlich haben Sie auch schon mal so richtig, wirklich, ganz abgeschaltet. Ohne Handy in die Berge, ein Wochenende im Wellness-Hotel, mit Entschlackungskur in Bad Wörishofen oder Sangria-Eimern an der Playa de Palma. Aber, ebenso wahrscheinlich, hat das nicht lange vorgehalten. Da kommt man gelöst und tiefenentspannt wieder ins Büro und dann kommt, zack!, die nächste Krise, Intrige, Pandemie um die Ecke.

Ja, so ist sie, diese Welt. Und das wird auch nicht besser werden.

Meine Deutschlehrerin hätte jetzt hier ein rotes »W« wie «Wiederholungsfehler« an die Seite geschrieben. Mein Gegenargument war damals wie heute: Das ist kein Fehler, das ist ein Stilmittel. Und ich verwende es ganz bewusst, denn wenn es hier einen Wiederholungsfehler gibt, dann in unserem Kopf. Wir suchen uns Ausreden, warum wir doch nicht so können, wie wir wollen, warum wir in unserem Trott bleiben oder wieder hineinfallen, warum die Welt uns davon abhält, die beste Version von uns selbst zu sein.

Die Welt hält uns nicht davon ab. Das machen wir schon selbst.

Die Welt hält Sie nicht davon ab. Das machen Sie schon selbst.

Diese Welt ändert sich nicht, die bleibt VUKA. Und wenn sie sich ändert, wird sie noch mehr VUKA. Mit ihrer Fülle an Informationen und Emotionen, an Anforderungen und Ablenkungen, komplex und unübersichtlich. Manchen gelingt es nicht mehr, sich zu fokussieren, sie wirken fahrig und gehetzt, als wären sie kurz vor dem Burnout. Und manche sind es auch.

Aber in aller Regel liegt Burnout nicht an zu viel Arbeit, sondern am Umgang mit ihr. Es spricht nichts dagegen, auch einmal voll durchzupowern. Die Evolution hat uns gut ausgerüstet, um mit extremen Anforderungen jeder Art fertig zu werden: vom Stresshormon Adrenalin, das uns kurzzeitig schneller, stärker und schmerzunempfindlicher macht, bis zur Galle, die wir wohl nur brauchen, um in kurzer Zeit große Mengen an Fett abbauen und verdauen zu können. Was man halt brauchte, wenn der Stamm gerade einen Elefanten oder einen Auerochsen erlegt hatte.

Wir schaffen das. Aber nicht lange. Zwischen Anspannung und Entspannung muss es einen Rhythmus geben, um nicht komplett im Stress aufzugehen, um nicht komplett vom Job absorbiert zu werden. Gerade die Overachiever müssen dringend Grenzen setzen, an denen die Arbeit endet. Sie müssen Zeit haben für sich. Egal ob Sie Geige spielen oder Candy Crush, auf der Terrasse chillen oder mit dem Hund laufen gehen.

Die praktikabelste Lösung dafür sind Rituale: Rituale der Anspannung und Rituale der Entspannung. Viele der Kandidaten in meinen Interviews haben solche Rituale: den Podcast auf dem Weg zur Arbeit, die heilige erste Tasse Kaffee des Morgens oder eine Viertelstunde der Stille nach der Rückkehr von der Arbeit, um wieder aus dem Tag und der Firma herauskommen können.

Bei mir sind es Zen und Sport. Obwohl das scheinbar nicht passt. Zen fällt mir nicht leicht, denn da bewegt man sich gar nicht, und ich bin eher der quirlige Typ. Aber gerade deshalb ist es ein Gegenpol. Vor sechs Jahren habe ich das erste Mal ein Seminar im Zen-Kloster Buchenberg belegt. Und es hat meinen übervollen Kopf, mein Affengewitter im Hirn, zumindest für eine Weile in die Stille gebracht und mich persönlich ruhiger, fokussierter und gelassener gemacht.

So ein paar Tage im Kloster haben eine unglaubliche Kraft. Und damit stehe ich bei weitem nicht alleine. Wann immer ich nach Buchenberg fahre, sitzen dort auch mehrere Manager – häufig auch Männer. Unfassbar, wie ein paar Tage im Kloster die Menschen verändern, die verhärteten Gesichtszüge entspannen sich, die Stimmen werden fester, der Gang aufrechter.

Auch wenn es das Gegenteil von Wellness-Urlaub ist, hat es mindestens einen genauso positiven Effekt. Wirksam wird Zen im Alltag, wenn man es so macht wie Zähneputzen: jeden Tag zu einer bestimmten Zeit, an einem bestimmten Ort mit bestimmten Techniken für sich in die Stille zu kommen.

Das in die Stille Gehen kann zum Beispiel in 25 bis 45 Minuten täglich geschehen oder im Kloster auch in ein paar Stunden am Tag. Da geht es nicht darum, dass man nach der Meditation ein anderer Mensch ist. Die innere Stille, das Bei-sich-Sein, das man erfährt, soll auch dazu beitragen, für sich und andere mehr Wertschätzung und Empathie ins Außen zu bringen. Zudem steigert es Fokus, Resilienz und Widerstandsfähigkeit – alles Fähigkeiten, die wir in unserer sehr dünnhäutigen Welt gut brauchen können. Natürlich geht es den Zen-Meistern darum, dem Weg des eigenen Herzens zu folgen und Erleuchtung und innere Freiheit zu finden. Aber das führt in diesem Kontext zu weit, da verweise ich mit Freude auf die sehr guten Bücher von ausgewiesenen Experten in der Literaturliste.

Es muss nicht immer Zen sein. Jeder Weg ist willkommen, der Ihnen dazu verhilft, mit Ihren Affengewittern im Kopf klarzukommen. Der Ihnen hilft, Ihre Kraft wiederzufinden. Der Ihnen zeigt, wie Sie den Stecker ziehen können, bevor er Ihnen gezogen wird. Denn es kann durchaus passieren, dass man seine Mitte sucht, und dann feststellt, dass man im falschen Unternehmen ist. Aber dann ist es immer noch besser, selbst zu dieser Erkenntnis gekommen zu sein und aus ihr heraus selbst aktiv werden zu können.

Richtig aussteigen

Ganz am Anfang dieses Buches hatte ich von Kairos gesprochen, dem griechischen Gott des richtigen Zeitpunkts. Da ging es um Ihren Einstieg in die Karriere. Jetzt, kurz vor Ende des Buches, möchte ich auf Kairos zurückkommen – den Kairos des Aufhörens, den richtigen Zeitpunkt, um auszusteigen.

Bei manchen der Kandidaten in meinen Interviews ist etwas davon zu spüren, und zwar insbesondere bei denjenigen, die gar nicht auf der Suche nach einem neuen Job sind, aber sich doch auf das Gespräch mit mir eingelassen haben. Sie äußern häufig eine Art »Mission accomplished«-Gefühl: Eigentlich habe ich in meiner Position und in meinem Unternehmen alles erreicht. Da ist nichts mehr zu tun für mich.

Das muss kein Grund sein, um auszusteigen. Manchmal ist es sogar das Gegenteil: ein Grund, genau jetzt genau dort sitzen zu bleiben und zu ernten. Wenn Sie alles erreicht haben, können Sie natürlich auch wie Goethes Faust zum Augenblicke sagen: »Verweile doch, du bist so schön« und all das im Leben entdecken, was es jenseits der Karriere auch noch geben könnte. Ich werde Sie dann zumindest beruflich niemals kennen lernen, denn Sie steigen sozusagen aus dem Karriererennen aus.

Das wird, mal ehrlich, bei Managern ohnehin irgendwann passieren. Die Frage »Was bleibt von mir?« stellt sich bei den meisten irgendwann zwischen 40 und 50 zum ersten Mal, und sie geht dann auch nicht mehr weg. Und die Antwort darauf heißt in diesem Fall eben nicht »das Unternehmen«. Selbst wenn Topmanager in ihrem Job (fast) so agieren können, als gehörte ihnen die Firma, gehört die Firma ihnen eben nicht, und besser man merkt das selbst, als eines Tages darauf gestoßen zu werden.

Der Ausstieg, mit dem ich am häufigsten zu tun habe, ist aber nicht derjenige am Ende des Arbeitslebens, sondern ein Ausstieg mitten in der Karriere. Damit, und natürlich mit dem bestmöglichen Einstieg im nächsten Schritt, mache ich meinen Umsatz. Würden alle Beteiligten jeweils selbst erkennen, wann der richtige Zeitpunkt für einen neuen Lebensabschnitt gekommen ist, bräuchte es mich und die ganze Personalberater-Branche nicht.

Quirlige Frischluft

Nadja M. war eindeutig überqualifiziert für den Job, der zu besetzen war. Abschluss von einer Elite-Uni, international erfahren, gut vernetzt und mit mehr Fremdsprachenkenntnissen als die ganze Abteilung zusammengenommen, um deren Leitung es ging. »Die werden wir doch niemals halten können«, sagte der Kunde. »Na und?«, antwortete ich. Vielleicht bringt die quirlige High Potential die ganze etwas bequem gewordene Firma wieder auf neue Gedanken, und selbst wenn es sie bald wieder woanders hinzieht, hat sie doch auf jeden Fall frische Luft ins Unternehmen gebracht. M. bekam den Job und war nach zwei Jahren wieder weg – aber für alle Beteiligten waren es zwei hervorragende Jahre.

Auch wenn es bei Ihrer Karriere um Ihr Leben geht: Bei Ihrem Job, dem aktuellen wie dem nächsten, geht es nur um einen Lebensabschnitt. In unterschiedlichen Lebensabschnitten haben Sie unterschiedliche Stärken und Bedürfnisse. Wenn Sie Ihr Leben lang am gleichen Platz sitzen bleiben, ob im Autowerk oder im Personalbereich, werden Sie immer nur halb gut dorthin passen, und viele Talente und Potenziale werden entweder gar nicht erst entdeckt oder schlicht verschleudert. Wenn das für alle Beteiligten gut genug ist, dann ist das eben so. Aber Weiterentwicklung geht anders.

Neuer Job und neue Lebensphase sind ein bisschen wie Henne und Ei: Fängt erst der neue Lebensabschnitt an und dann kommt der Jobwechsel, oder führt der Jobwechsel zu einer neuen Lebensphase? Aber wenn Sie gerade das Gefühl haben, dass ein neuer Lebensabschnitt beginnt, und es steht gerade kein neuer Job vor der Tür: Stellen Sie sich die Frage, ob für diese neue Phase Ihr alter Job noch der richtige ist, und nehmen Sie sich ein paar Stunden oder Tage Zeit, um diese Frage zu beantworten.

Und natürlich haben auch nicht nur Menschen unterschiedliche Lebensabschnitte, sondern auch Unternehmen. Aufbau, Ausbau, Wachstum, Konsolidierung, Krise, Neustart, Abwicklung, um nur die wichtigsten zu nennen. In jeder dieser Phasen werden unterschiedliche Fähigkeiten in unterschiedlichem Ausmaß benötigt. Wer hervorragend aufbauen kann, wird in der Konsolidierungsphase kaum gebraucht – und wenn Ihre Firma gerade Produktionskapazitäten für ein paar Milliarden Impfstoffdosen aus dem Boden stampfen muss, würde sich ein begnadeter Sanierer fehl am Platz fühlen. Und auch so agieren.

Die meisten Unternehmen neigen, wie die meisten Menschen, zur Bequemlichkeit. Wenn es bisher so gut gegangen ist, wird es doch auch morgen noch so gut gehen. Es fehlt oft an der Konsequenz, einen alten, nicht mehr zeitgemäßen Zustand auch tatsächlich zu beenden. Und dadurch steigt das Risiko, dass Sie an einem falschen und immer falscheren Platz sitzen. Im Nachhinein wird sich herausstellen, dass davon weder Sie noch das Unternehmen noch die Menschheit etwas hatten, aber im Moment ändert das keiner.

Das müssen Sie schon selbst in die Hand nehmen. Dabei können Sie in ähnlicher Weise vorgehen, wie ich es Ihnen eben für Ihren neuen Lebensabschnitt empfohlen habe. Wenn Sie gerade das Gefühl haben, dass für Ihr Unternehmen ein neuer Lebensabschnitt beginnt: Stellen Sie sich die Frage, ob für diese neue Phase des Unternehmens Ihr Job noch der Richtige ist, und nehmen Sie sich Zeit, um diese Frage zu beantworten.

Und vielleicht kommt dann ja just in dieser Situation zufällig ein Anruf von mir oder einem anderen Headhunter. Es wäre, zugegeben, nicht völlig zufällig, denn natürlich beobachten wir Unternehmen, bei denen gerade ein Umbruch ansteht, besonders intensiv, weil solche Umbruchzeiten der Firma oft auch Wechselzeiten für Manager sind. Aber Zufall oder nicht, sehen Sie uns einfach als Boten von Kairos, dem Gott der günstigen Gelegenheit.

Wir bringen Ihnen die Botschaft. Wir bieten Ihnen eine Chance. Es liegt an Ihnen, sie zu nutzen.

Dank

Es gibt viele, die zu diesem Buch beigetragen haben, ohne es zu wissen. Jeder und jede Einzelne der vielen Hundert Kandidaten, die ich in den vergangenen 20 Jahren in Interviews oder Audits kennen lernen konnte, hat mir geholfen, zu lernen und mich weiterzuentwickeln. Ohne diesen Input wäre dieses Buch nie entstanden.

Ebenso danke ich auch den Menschen, darunter viele TopmanagerInnen, die mir in vertraulichen Gesprächen immer wieder tiefste Einblicke in ihre Erfolgsgeschichten, aber auch in ihre Misserfolge geben. Ich habe durch sie erfahren, wie es auf den obersten Etagen der Wirtschaft wirklich zugeht, welche Codes verwendet werden und warum. Verstehen Sie bitte, dass ich hier keine Namen nenne. Die, die gemeint sind, wissen, dass sie gemeint sind.

Und natürlich danke ich auch besonders denen, die direkt dazu beigetragen haben, dass ich dieses Buch schreiben konnte. Es waren weniger als eine Handvoll Menschen, die davon wussten, und jede und jeder davon hat mir geholfen. Allen voran danke ich meinem Sohn, der mich immer bestärkte, dieses Projekt anzugehen.

Und dann gilt mein besonderer Dank natürlich denjenigen, die es möglich gemacht haben, dass Sie dieses Buch jetzt vor sich haben: Dr. Rebekka Reinhard, die mir nach zwei gescheiterten Anläufen mit Kooperationspartnern empfohlen hatte, mich an die Literaturagentin Regina Seitz zu wenden. Regina Seitz danke ich dafür, dass sie auf Detlef Gürtler gekommen ist, und Detlef Gürtler, weil er ein Perfect Fit für mich als Teampartner und für mein Thema ist. Und vielen herzlichen Dank auch an Danja Hetjens, die als Lektorin unser Manuskript zu einem Buch veredelt hat.

Last but not least ein sehr wichtiger Mensch, ohne den dieses Buch zumindest in dieser Form nicht zustande gekommen wäre: Dr. Andreas Föller, der mich vor zwölf Jahren in seine schon bestehende Firma Comites holte, dafür kämpfte, dass ich trotz einiger anfänglicher Widrigkeiten blieb, und mir die Möglichkeit gab, meinen angeborenen Unternehmergeist auszuleben und die Firma mit weiterzuentwickeln. Dadurch habe auch ich mich weiterentwickelt: meine Netzwerke erweitert, neue spannende Menschen kennen gelernt und neue Einsichten gefunden. Das hat mich zu der gemacht, die ich heute bin. Danke.

Literatur zum Weiterlesen

Andrick, Michael: *Erfolgsleere. Philosophie für die Arbeitswelt.* München: Verlag Karl Alber 2020.

Andrzejewski, Laurenz; Refisch, Hermann: *Trennungs-Kultur und Mitarbeiterbindung. Kündigungen, Aufhebungen, Versetzungen fair und effizient gestalten.* 4., neu bearbeitete und erweiterte Auflage, Köln: Luchterhand 2015.

Antonovsky, Aaron: *Salutogenese. Zur Entmystifizierung der Gesundheit.* Tübingen: dgtv-Verlag 1997.

Assig, Dorothea; Echter, Dorothee: *Ambition. Wie große Karrieren gelingen.* 2., aktualisierte und revidierte Ausgabe, Frankfurt/New York: Campus Verlag 2019.

Aurel, Marc: *Die Kunst des guten Lebens.* Ausgewählt und überarbeitet von Bruno Rosner, Köln: Anaconda 2014.

Bauer, Joachim: *Arbeit. Warum sie uns glücklich oder krank macht.* München: Heyne Verlag 2015.

Bauer, Joachim: *Wie wir werden, wer wir sind. Die Entstehung, Entwicklung und Bewahrung des menschlichen Selbst.* München: Heyne Verlag 2022.

Böckmann, Walter: *Lebenserfolg. Der Weg zu Selbsterkenntnis und Sinn-Erfüllung.* Düsseldorf/Wien/New York: Econ 1990.

Corssen, Jens: *Der Selbst-Entwickler. Das Corssen Seminar.* Wiesbaden: marixverlag 2013.

Drucker, Peter F.; Paschek, Peter: *Kardinaltugenden effektiver Führung. Mit Beiträgen von Fredmund Malik, Hermann Simon, Bill Emmott, Mathias Döpfner und weiteren namhaften Autoren.* Frankfurt am Main: Redline Wirtschaft 2014.

Echter, Dorothee: *Rituale im Management. Strategisches Stimmungsmanagement für die Business Elite.* München: Verlag Franz Vahlen 2003.

Fenet, Lydia: *The most powerful woman in the room is you. Command an Audience and Sell Your Way to Success.* New York: Gallery Books 2019.

Frankl, Viktor E.: *Über den Sinn des Lebens.* Weinheim: Beltz Verlag 2021.

Frankl, Viktor E.: *Wer ein Warum zu leben hat: Lebenssinn und Resilienz.* Weinheim: Beltz Verlag 2017.

Gladwell, Malcolm: *Überflieger. Warum manche Menschen erfolgreich sind – und andere nicht.* München/Zürich: Piper 2010.

Höhler, Gertrud: *Spielregeln für Sieger.* 2. Auflage, Berlin: Ullstein 2005.

Jaeggi, Eva; Rohner, Robert; Wiedemann, Peter M.: *Gibt es auch Wahnsinn, hat es doch Methoden … Eine Einführung in die klinische Psychologie aus sozialwissenschaftlicher Sicht*. Durchgesehene Taschenbuchausgabe, München/Zürich: Piper 1997.

Knaths, Marion: *Spiele mit der Macht. Wie Frauen sich durchsetzen*. Hamburg: Hoffmann und Campe Verlag 2007.

Kraus, Katja: *Macht. Geschichten von Erfolg und Scheitern*. Frankfurt am Main: S. Fischer Verlag 2013.

Lukas, Elisabeth: *Lebensstil und Wohlbefinden. Seelisch gesund bleiben – Anregungen aus der Logotherapie*. 3., erweiterte Auflage, Wien/München: Profil Verlag 2011.

Malik, Fredmund: *Führen Leisten Leben. Wirksames Management für eine neue Zeit*. Durgesehene und erweiterte Neuausgabe, Frankfurt/New York: Campus Verlag 2019.

Mogi, Ken: *Ikigai. Die japanische Lebenskunst*. 3. Auflage, Köln: DuMont Buchverlag 2019.

Neuberger, Oswald: *Führen und geführt werden*. 5. Auflage, Stuttgart: Enke Verlag 1995.

Pigliucci, Massimo: *Die Weisheit der Stoiker. Ein philosophischer Leitfaden für stürmische Zeiten*. München: Piper Verlag 2017.

Polenski, Hinnerk: *In der Mitte liegt die Kraft. Mit Zen gelassen bleiben in der Arbeitswelt*. Völlig überarbeitete und gekürzte Ausgabe, Bielefeld: Theseus Verlag 2014.

Polenski, Hinnerk: *Die Linie im Chaos – Zen, Ethik, Leadership. Ein Leitfaden für Verantwortungsträger*. Bielefeld: Theseus Verlag 2010.

Reinhard, Rebekka: *Kleine Philosophie der Macht (nur für Frauen)*. München: Ludwig Verlag 2015.

Reinhard, Rebekka: *Wach denken. Für einen zeitgemäßen Vernunftgebrauch*. Hamburg: Edition Körber 2020.

Sarges, Werner (Hrsg.): *Management-Diagnostik*. 4., vollständig überarbeitete und erweiterte Auflage, Göttingen: Hogrefe Verlag 2013.

Schmidt, Gunther; Dollinger, Anna; Müller-Kalthoff, Björn: *Gut beraten in der Krise. Konzepte und Werkzeuge für ganz alltägliche Ausnahmesituationen*. 4. Auflage, Bonn: managerSeminare Verlag 2019.

Schreyögg, Astrid: *Konfliktcoaching. Anleitung für den Coach*. 2., aktualisierte und erweiterte Auflage, Frankfurt/New York: Campus Verlag 2011.

Schuler, Heinz: *Psychologische Personalauswahl. Eignungsdiagnostik für Personalentscheidungen und Berufsberatung*. 4., vollständig überarbeitete und erweiterte Auflage, Göttingen: Hogrefe Verlag 2014.

Specht, Jule: *Charakterfrage. Wer wir sind und wie wir uns verändern*. Reinbek bei Hamburg: Rowohlt Polaris 2018.

Toman, Walter: *Familienkonstellationen. Ihr Einfluß auf den Menschen*. 10. Auflage, München: Verlag C.H. Beck 2020.

Die Autorin

Foto: Stefanie Kresse

Stephanie Schorp ist Unternehmerin und Mitgeschäftsführerin der Personalberatung Comites perfect placements und gilt als eine der renommiertesten Headhunterinnen Deutschlands. Seit über 20 Jahren ist die Diplom-Psychologin mit der Auswahl, Beurteilung und Entwicklung von Führungskräften beschäftigt. Ihre Erfahrungen sammelte sie sowohl im Großkonzern als auch im Mittelstand und in der Beratung. Sie verfügt über diverse Zusatzausbildungen auch im therapeutischen Bereich.

Ihren Ansporn, Leadership und Management von morgen besser zu gestalten, nutzt Stephanie Schorp auch als Zen-Leadership-Trainerin und für die Beratungsplattform philosophymeetsmanagement.

Redaktionelle Begleitung

Detlef Gürtler ist seit 30 Jahren Wirtschaftsjournalist und seit 20 Jahren Sachbuchautor. Zu seinen Büchern gehören *Die Tagesschau erklärt die Wirtschaft* (Rowohlt Berlin, 2008) und eine in sieben Sprachen übersetzte Weltgeschichte des Reichtums (*Die Dagoberts*, Eichborn 2004).